FORSCHUNGSBERICHTE DES LANDES NORDRHEIN-WESTFALEN

Nr. 1795

Herausgegeben

im Auftrage des Ministerpräsidenten Dr. Franz Meyers

vom Landesamt für Forschung, Düsseldorf

DK 648.23.001.5:648.18 – 498.1:66.066.1

Dipl.-Ing. Herbert Schmidt

Wäschereiforschung Krefeld e.V.

Möglichkeiten der Laugenklärung in Trommelwaschmaschinen

WESTDEUTSCHER VERLAG · KÖLN UND OPLADEN 1966

ISBN 978-3-663-06397-1 ISBN 978-3-663-07310-9 (eBook)
DOI 10.1007/978-3-663-07310-9

Verlags-Nr. 011795

Gesamtherstellung: Westdeutscher Verlag

Inhalt

I. Allgemeines über den Zweck einer Waschlaugenklärung

Das Problem der Laugenklärung sowie Wiederverwendung von gebrauchten Laugen dürfte wohl so alt sein wie das Waschen selbst. Aber so klar das gewünschte Ergebnis solcher Bemühungen ist, nämlich Wärme-, Wasser- und Waschmittelersparnis und auch Vermeidung von Vergrauung der Wäsche, so schwierig dürfte die wirklich brauchbare, praktische Lösung zu erreichen sein.
Gerade in letzter Zeit beschäftigt man sich in Kreisen der Maschinenhersteller und Wäscher sehr intensiv mit diesem Problem und nicht zuletzt deshalb, weil das Wasser als Kostenfaktor immer mehr Bedeutung erlangt, sei es, daß das Frischwasser aufbereitet oder auch das Abwasser in einen Zustand versetzt werden muß, der keine Gefahr für Fauna und Flora darstellt.

Es werden verschiedene Wege der Laugenklärung vorgeschlagen und propagiert:

1. Der von der Wäsche abgelöste Schmutz soll auf dem kürzesten Weg aus der Maschine entfernt werden, damit die Lauge möglichst wenig belastet wird.
2. Die schmutzbeladene Lauge soll geklärt werden, wobei insbesondere Wichteunterschiede zwischen Flüssigkeit und Schmutzteilchen zur Trennung beider benutzt werden (s. Arbeiten von P. A. Kleefisch [1]).

II. Möglichkeiten der Waschlaugenklärung

1. Schmutzentfernung durch Überlauf

Eine Schmutzentfernung aus der Waschflotte über einen Überlauf setzt voraus, daß sich Schmutzteilchen vorwiegend an der Oberfläche des Flottensumpfes konzentrieren, nachdem sie von der Wäsche abgelöst sind. Das erscheint jedoch sehr unwahrscheinlich. Die Flotte wird durch die Trommeldrehung so stark bewegt, daß die aus der Wäsche kommenden Schmutzteilchen in sehr kurzer Zeit in der Flotte gleichmäßig verteilt werden. Dabei wird es nur wenigen Teilchen gelingen, auf dem kürzesten Weg zum Überlauf zu gelangen und die Maschine zu verlassen. An dieser Tatsache ändert sich auch dann nichts, wenn der Maschine kontinuierlich Frischwasser zugeführt wird und dadurch ein Gefälle zum Überlauf entsteht. Die hierdurch entstehende Strömung ist so gering, daß sie im Vergleich zu der durch die Trommelbewegung erzeugte Turbulenz nicht ins Gewicht fällt. Diese Turbulenz wird also eine Anhäufung von Schmutzteilchen in der Lauge verhindern, selbst wenn ein Badstrom durch die Trommel fließt.
Wie schon bei Untersuchungen über das Durchlaufspülen [2] festgestellt wurde, ist es wohl wichtig, Zulauf und Ablauf so weit wie möglich auseinander zu legen, damit kein »Kurzschluß« entsteht und das Frischwasser möglichst gut ausgenutzt und die Spülzeit verkürzt wird.
Selbst der Schaum, der sich auch bei starker Turbulenz der Flotte an der Oberfläche sammelt, da seine Wichte sehr gering ist, enthält, bezogen auf sein Flüssigkeitsvolumen, praktisch keine andere Schmutzkonzentration als die Flotte selbst. Dies wurde u. a. auch von O. Oldenroth [3] nachgewiesen. Wenn man also diesen Schaum über einen Überlauf aus der Maschine abfließen läßt, so entfernt man nicht mehr Schmutz, als wenn man die gleiche Flüssigkeitsmenge an Flotte ablaufen läßt. Dabei ist es ziemlich gleichgültig, in welcher Höhe des Flottensumpfes der Ablauf erfolgt.
Das gilt natürlich auch für den kontinuierlichen Durchlauf während des Waschens. Allerdings ist hierbei die durchgesetzte Wassermenge wesentlich geringer und damit auch die Gefahr eines »Kurzschlusses«.

2. Schmutzentfernung durch Ausnutzung von Wichteunterschieden

Der zweite Weg, Schmutzpartikel, deren Wichte sich von der Wichte der Flüssigkeit unterscheidet, von der Flüssigkeit zu trennen, soll im folgenden näher untersucht werden.

Wie schon erwähnt, spielt der Wichteunterschied keine Rolle, solange die Flotte in turbulenter Bewegung gehalten wird, wie das in der Trommelwaschmaschine geschieht, sowohl in der Innentrommel als auch im Raum zwischen Innen- und Außentrommel. Die Schmutzteilchen müssen sich also in der Flotte gleichmäßig verteilen. Wenn man nur eine Trennung auf Grund von Wichteunterschieden herbeiführen will, so muß man die Flotte in eine gleichförmige Bewegung oder sogar in Ruhe versetzen, d. h. es dürfen praktisch keine Beschleunigungsänderungen auftreten.

Außer der Turbulenz gibt es einen weiteren Faktor, der die Trennung von Flüssigkeit und Schmutz erschwert. Es ist die »Schmutz-Tragefähigkeit« der Waschmittel. Sie wird aus Gründen der Vermeidung von Schmutzzusammenballungen (Fettläuse) möglichst hoch sein müssen, damit die Schmutzteilchen gut in der Schwebe gehalten werden.

Es war jedoch nicht Aufgabe dieser Untersuchungen, die Schmutztragefähigkeit von Waschlaugen zu untersuchen. Es wurde daher von einer konstanten Waschmittelzusammensetzung ausgegangen. Ebenso wurde mit der Schmutzzusammensetzung und Konzentration verfahren.

III. Versuchsbedingungen

Die Waschmittelkonzentration betrug 4 g/l.
Waschmittelzusammensetzung:
Seife 25%, Soda 25%, Metasilikat 25%, Pyrophosphat 12,5% und Tripolyphosphat 12,5%.
Die Schmutzkonzentration betrug 0,5 g/l.
Der Schmutz (es handelt sich um künstlichen Schmutz) bestand aus pulverförmigen Substanzen, Korngröße 15 μ.
Zusammensetzung:
Kaolin 93%, Eisenoxyd schwarz 2%, Eisenoxyd gelb 1%, Ruß 4%.
Waschmittel und Schmutz wurden in Wasser aufgelöst bzw. gut verrührt.
Die Bestimmung des Schmutzgehaltes erfolgt nach der von O. OLDENROTH angegebenen Ausschleuder- und Filtriermethode. Diese Methode sieht vor, eine bestimmte Schmutzlaugenmenge 30 min einer Zentrifugalbeschleunigung von ca. 2000 g auszusetzen und den Bodensatz des Schleudergefäßes zu filtrieren, mit Alkohol und Essigsäure auszuwaschen, im Trockenschrank bei 100° C zu trocknen und zu wiegen.

1. Schmutzabscheidung bei ruhender Flotte

Um ein Bild über den Klärvorgang bei völlig in Ruhe befindlicher Flotte, in Abhängigkeit von der Zeit, zu erhalten, wurde die Schmutzlauge in Bechergläser gefüllt (500 ml) und nach bestimmten Standzeiten bis auf einen festgelegten Bodenrest (125 ml) abgesaugt und von der Flotte die Schmutzkonzentration bestimmt.
Die Abb. 1 zeigt die Schmutzkonzentration (g/l) in der abgesaugten Flotte in Abhängigkeit von der Standzeit.
Die Temperatur betrug: 18, 60 bzw. 80° C.
Außerdem wurde mit Weichwasser (0° dH) und mit Hartwasser (25° dH) gearbeitet.
Wie ohne weiteres einzusehen ist, verlangsamt sich der Absetzvorgang mit der Standzeit. Bei der hier gewählten längsten Standzeit von 60 min nimmt die Konzentration der abgesaugten Flotte kaum noch ab.
Auffällig ist die geringe Absetzgeschwindigkeit bei der Verwendung von kaltem Weichwasser, wogegen kaltes, hartes Wasser die Schmutzteilchen viel schneller absinken läßt. Steigert man die Temperatur der Schmutzlauge, so beschleunigt sich der Absetzvorgang. Offenbar werden die Schmutzteilchen bei der vorliegen-

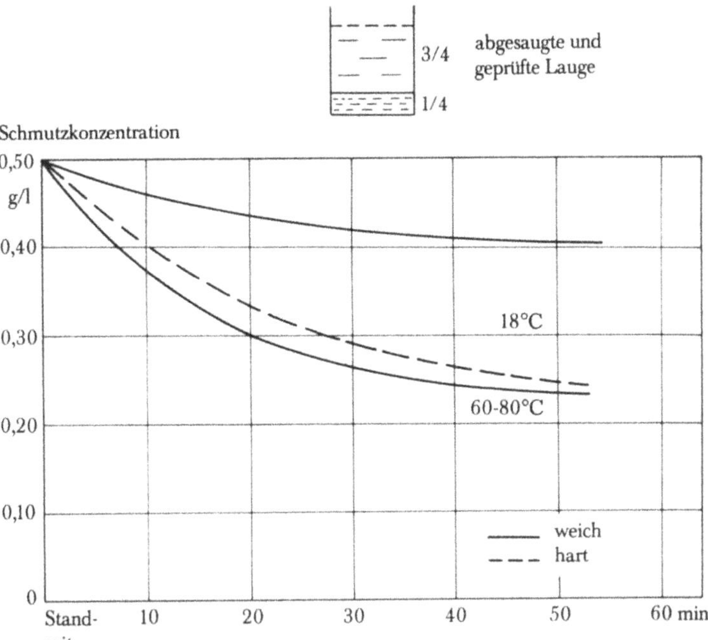

Abb. 1 Schmutzkonzentration in der abgesaugten Lauge in Abhängigkeit von der Standzeit

den Waschmittel- und Schmutzkombination in kaltem Weichwasser infolge größerer Viskosität der Lauge am besten in der Schwebe gehalten.

Das vorliegende Diagramm sollte nur einen Überblick darüber geben, welche Schmutzmengen sich unter den gewählten Bedingungen größenordnungsmäßig absetzen können. Zum Beispiel können sich nach einer Standzeit von 20 min im Bodenrest bis zu ca. 0,125 g Schmutz befinden, das sind 50% der Ausgangsmenge, wobei die Flüssigkeitsmenge des Bodenrestes nur 25% der Ausgangsflüssigkeitsmenge betrug. Das würde also heißen, daß auf diese Weise 75% der Ausgangsflüssigkeitsmenge erhalten wurden, die in der Schmutzkonzentration von 0,5 auf 0,3 g/l gesenkt werden konnten. Wie man sieht, ist es durchaus möglich, spezifisch schwerere Schmutzteilchen teilweise von der Lauge zu trennen und diese bis zu einem gewissen Grad zu klären, wenn man der ruhenden Lauge genügend Zeit läßt. Es ist jedoch fraglich, ob sich der Aufwand durch Installation von Absetzbehältern für die Praxis lohnt, da der Raumbedarf erheblich ist und die Sauberhaltung der Behälter große Schwierigkeiten mit sich bringen dürfte.

Gesetzt den Fall, diese Schwierigkeiten sind zu überwinden, so würde sich etwa folgendes Bild ergeben.

Zum Beispiel würde für eine 100-kg-Maschine, die im 2-Bad-Verfahren mit 5 Spülbädern arbeitet, das Klarwaschbad und 4 Spülbäder 1–4 in Absetzbehältern aufgefangen, so brauchte man ein Behältergesamtvolumen von ca. 1500 l. Dabei müßte jede Flotte einen separaten Absetzbehälter haben, um die volle Standzeit für eine Waschprogrammdauer von ca. 1 h auszunutzen.

Arbeitsprogramm eines 2-Bad-Waschverfahrens mit Laugenklärung und Rückgewinnung

Vorgang	I. Maschine (Anfahren)								II. Maschine					III. Maschine wie II. usw.
				Ablauf in Absetzbehälter					Zulauf					
					Ablauf									
	Wasch- bzw. Spültemperatur °C	Wasch- bzw. Spülzeit min	Zulauf (15° C) l	Behälter	gesamt l	nutzbar l	Temperatur °C	Absetzzeit min	aus Behälter	l	Mischtemperatur °C	Frischwasser (15° C) l	Wasch- bzw. Spültemperatur °C	
Vorwäsche	50	10	500	–	–	–	–	–	1, 2, 3	190, 190, 120 } 500	50	–	50	
Klarwäsche	90	20	250	1	250	190	75	30	3, 4	190, 60 } 250	24	–	90	
Spülen														
1.	50	4	250	2	250	190	40	26	4	250	20	–	55	
2.	27	4	450	3	450	310	25	22 (32)	5	310	18	140	30	
3.	19	4	450	4	450	310	20	28 (48)	–	–	–	450	20	
4.	16	4	450	5	450	310	18	48	–	–	–	450	18	
5.	15	4	450	–	–	–	–	–	–	–	–	450	16	

Das Vorwaschbad ist im allgemeinen stärker verschmutzt. Die beim Laugenwechsel ablaufende Flotte sollte deshalb nicht aufgefangen werden. Die Flotte des 5. Spülbades sollte ebenfalls nicht aufgefangen werden, da üblicherweise Hartwasser verwendet wird, während alle übrigen Bäder mit Weichwasser gefahren werden.

In Tab. 1 wird das Arbeitsprogramm eines üblichen 2-Bad-Waschverfahrens dargestellt. Das Flottenverhältnis für Vorwäsche, Klarwäsche und 1. Spülen beträgt 5 l/kg. Die weiteren Spülgänge 2–5 haben ein solches von 7 l/kg.

Die Vorwaschtemperatur ist mit 50° C, die Klarwaschtemperatur mit 90° C festgelegt. Die Spültemperaturen und die Temperaturen der aufgefangenen Flotten ergeben sich als Mischtemperaturen unter Berücksichtigung eines gewissen Wärmeverlustes.

Die Wasch- und Spülzeit beträgt 50 min. Für Be- und Entladen werden 10 min angesetzt.

Wie die Tabelle zeigt, stehen bei den vorliegenden Waschprogrammen Absetzzeiten von 22 bis 48 min zu Verfügung. Diese Zeiten dürften ausreichen, um einen großen Teil der gegebenenfalls vorhandenen spezifisch schweren Schmutzteilchen absinken zu lassen.

Abgesehen von diesem „Klärvorgang" stellt sich eine deutliche Verringerung des Wärme- und Wasserbedarfs ein. Wird das vorgesehene Waschprogramm nur mit Frischwasser gefahren, so ergibt sich:

Wasserverbrauch: 28 l/kg Trockenwäsche
Wärmeverbrauch: 500 kcal/kg

Bei Wiederverwendung von gebrauchter Flotte nach obigem Arbeitsplan beträgt der

Wasserverbrauch: 14,9 l/kg
Wärmeverbrauch: ca. 350 kcal/kg

Natürlich darf bei diesem durchaus positiven Ergebnis die Frage der Wäschevergrauung nicht vergessen werden. Falls man jedoch die Waschmittel reduziert, wie man es rechnerisch durchaus machen könnte, dürfte die Gefahr von Wäschevergrauung kaum größer sein als es bei einem Frischwasserprogramm der Fall ist.

2. Schmutzabscheidung bei umlaufender Flotte ohne Wäsche

Es liegt natürlich der Gedanke nahe, solche Laugenklärung in einem Laugenstrom zu erreichen, d. h. die Flotte kontinuierlich von der Waschmaschine durch einen Absetzbehälter und wieder zurück zur Maschine strömen zu lassen. Da dieses Verfahren in der Praxis verschiedentlich exerziert wird, jedoch über das Maß der Schmutzabscheidung keine Ergebnisse vorliegen, wurde versucht, mit Hilfe eines Modells in Anlehnung an Ausführungen der Praxis einige Zusammenhänge zu klären.

Wie Abb. 2 zeigt, ist an einer Trommelmaschine ein zylindrischer Laugenbehälter kommunizierend angeschlossen. In die Mitte des Behälterbodens ist ein Standrohr eingelassen, dessen Öffnung auf halber Höhe des Behälters liegt. Eine Kreiselpumpe fördert die Lauge über dieses Standrohr zur Maschine zurück, so daß ein ständiger Laugenkreislauf durch Maschine und Laugenbehälter besteht. Die Stromstärke kann mit Hilfe einer Drossel geregelt werden.
Die Größe des Laugenbehälters war so abgestimmt, daß entsprechend einer normalen Wäschefüllung der Maschine (14 l/kg) und einer Flottenzahl von 5 l/kg in Maschine und Behälter etwa gleiche Laugenmengen vorhanden waren.
Die Gesamtflottenzahl betrug also 10 l/kg.
Die Arbeitsflottenzahl, die angibt, wieviel Liter Flotte sich bei bewegter Trommel im Trommelinnenraum je kg Wäsche befindet, entsprach mit 4 l/kg dem für Trommelmaschinen üblichen Wert.
Der Versuchsanordnung lag folgende Überlegung zugrunde:
Wenn man aus einer bewegten, mit Schmutzteilchen unterschiedlicher Wichte durchsetzten Flüssigkeit eine Ausscheidung dieser Teilchen erreichen will, so muß die Strömungsgeschwindigkeit und Turbulenz so klein wie möglich sein. Da die Laugenmenge aber in der zur Verfügung stehenden Waschzeit (üblicherweise 30 min) mindestens einmal umgewälzt werden muß, ergibt sich schon eine Umwälzmenge von ca. 0,15 l/min je kg Trockenwäsche, die in einem kleinen langen Behälter schon merkliche Turbulenz hervorruft. Andererseits kann man den Laugenbehälter nicht beliebig groß machen, da man sonst unnötig viel Lauge ansetzen müßte. Es wurde deshalb die Laugenmenge gewählt, die etwa der eines Dreilaugenverfahrens entspricht. So ergab sich, daß Laugenbehälter und Maschine gleiche Laugenmenge enthalten mußten.
Zunächst wurde die Trommelwaschmaschine nur mit Schmutzlauge gefüllt und durch Entnahme von Laugenproben aus der Maschine und dem Laugenbehälter

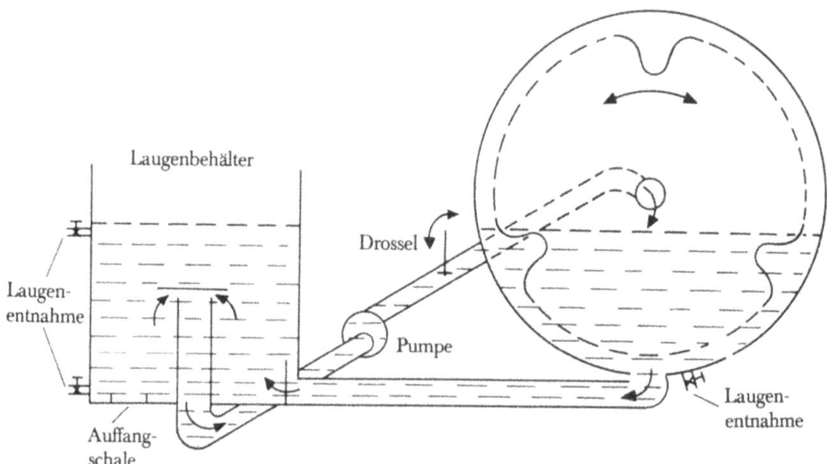

Abb. 2 Versuchsanordnung: Waschmaschine mit Absetzbehälter

die Schmutzverteilung in Abhängigkeit von der Zeit verfolgt. Die Entnahmestellen am Laugenbehälter befanden sich 1 cm über dem Boden und 1 cm unter der Oberfläche der Flüssigkeit. Außerdem befand sich eine Auffangschale auf dem Behälterboden, deren Schmutzgehalt jeweils nach Versuchsende bestimmt wurde. Falls sich Oberflächenschaum im Behälter zeigte, wurde dieser nach Versuchsende mit Hilfe eines feinmaschigen Siebes abgeschöpft und sein Schmutzgehalt bestimmt.

Die Abb. 3 zeigt den Verlauf der Schmutzkonzentration in der Maschine in Abhängigkeit von der Waschzeit bei verschiedenen Umwälzstromstärken. Die Anfangskonzentration betrug jeweils 1 g/l, da die gesamte Schmutz- und Waschmittelmenge in die Maschine gegeben wurden und diese die Hälfte der beteiligten Wassermenge enthält. Nach Einschalten der Umwälzpumpe verteilte sich der Schmutz über die ganze Anlage, dabei nimmt die Konzentration in der Maschine schnell ab, das hat natürlich nichts mit einer Laugenklärung zu tun, sondern ist ein Verdünnungsvorgang. Nimmt man an, daß sich der Schmutz nach einer von der Umwälzstromstärke abhängigen Zeit gleichmäßig verteilt, so müßte eine Konzentration von 0,5 g/l erreicht werden.

Wie die Kurven jedoch zeigen, wird dieser Wert unterschritten, d. h. es muß ein Teil des Schmutzes in dem Laugenbehälter zurückgehalten worden sein. Die Schmutzkonzentration in der Maschine sank dabei bis zu 40% unter den Sollwert, d. h. daß etwa 20% des gesamten Schmutzes im Laugenbehälter festgehalten wurden. Die Umwälzstromstärke ist zwar maßgebend für die Zeit bis zur Er-

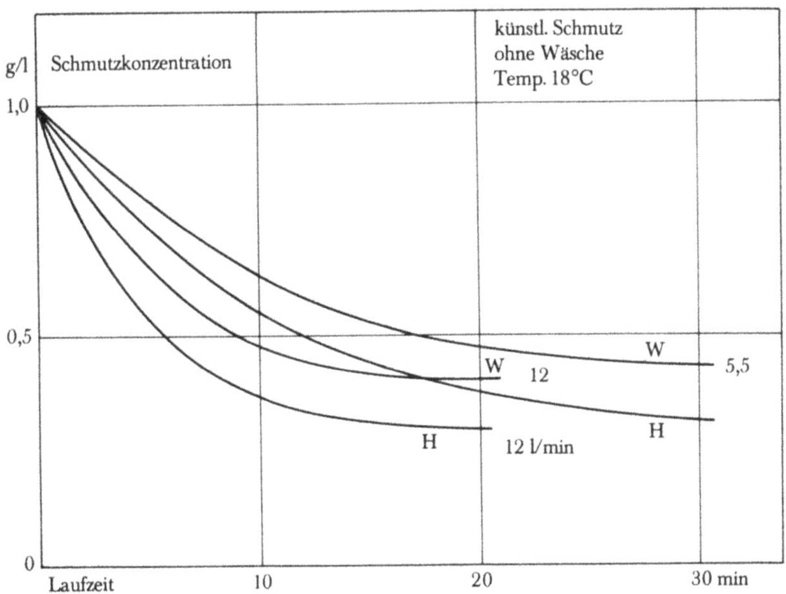

Abb. 3 Schmutzkonzentration in der Maschine ohne Wäsche in Abhängigkeit von der Waschzeit bei verschiedener Umwälzstromstärke

reichung einer bestimmten Konzentration, diese wird aber in der Höhe in dem untersuchten Bereich der Stromstärke von 5,5 bis 12 l/min praktisch noch nicht beeinflußt, d. h. die Turbulenz ist noch so gering, daß Wichteunterschiede der Schmutzteilchen zur Lauge noch zur Auswirkung kommen können.

Die beim Standversuch gemachte Beobachtung, daß die Schmutztrennung bei kaltem Weichwasser sehr viel langsamer vor sich geht als bei kaltem Hartwasser, konnte auch hier bestätigt werden. Ebenso bestätigt sich, daß bei höheren Temperaturen der Schmutz leichter ausfällt. Daß sich der Schmutz in der Weichwasserlauge viel leichter verteilt (gleichbedeutend mit schwerer ausfallen) als in der Hartwasserlauge, konnte in dem Laugenbehälter sehr gut beobachtet werden, wenn mit niedriger Umwälzstromstärke (5,5 l/min) gefahren wurde.

Die Abb. 4a zeigt einige Aufnahmen durch das Fenster der Trommel und durch das Schauglas des Laugenbehälters. Es wurde Weichwasser verwendet. Die Trommel ist fast vollständig mit Schaum ausgefüllt. Dies deutet auf einen für Weichwasser reichlichen Waschmitteleinsatz hin.

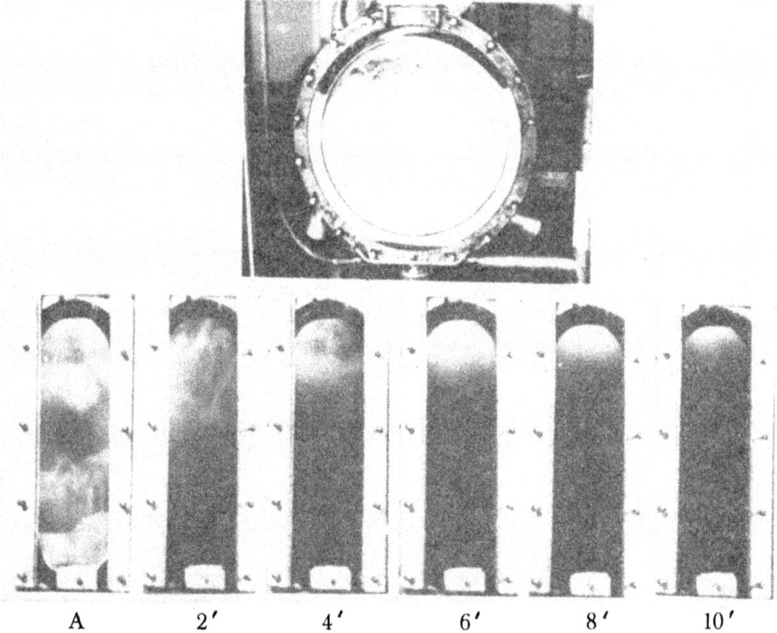

A 2′ 4′ 6′ 8′ 10′

Abb. 4a Trübung durch Schmutz im Laugenbehälter in Abhängigkeit von der Waschzeit (Weichwasser)

Mit Beginn der Laugenumwälzung wird der Inhalt des Laugenbehälters, der aus klarem Wasser bestand, mehr und mehr mit Schmutz durchsetzt. Der ganze Inhalt verdunkelt sich allmählich entsprechend der Strömungsrichtung von unten nach oben.

Die Abb. 4b zeigt den Versuch mit Hartwasser. Die Schaumentwicklung in der Trommel ist nur gering. Das ist ein Zeichen dafür, daß die Härtebestandteile des

Abb. 4b Trübung durch Schmutz im Laugenbehälter in Abhängigkeit von der Waschzeit (Hartwasser)

Wassers einen Teil der Waschmittel binden. Im Laugenbehälter ist deutliche Grenze zwischen Schmutzlauge und klarem Wasser zu erkennen, die im Tempo der nachfließenden Lauge nach oben wandert, bis nach ca. 10 min das klare Wasser verdrängt und durch Schmutzlauge ersetzt ist. Man erkennt aus diesem Versuch, daß man bei genügend geringer Strömungsgeschwindigkeit (geringe Turbulenz) und einer Waschlauge, deren Schmutztragefähigkeit gering ist, eine Vermischung von sauberer und schmutziger Lauge weitgehend vermeiden kann. Verstärkt man jedoch die Umwälzgeschwindigkeit und damit die Turbulenz nur wenig, so wird der Laugenbehälter schon von Beginn der Umwälzung durchsetzt und ein Absetzen von Schmutzteilchen selbst bei starken Wichteunterschieden von Lauge und Schmutz verhindert.

3. Schmutzabscheidung bei Flottenumlauf mit Wäsche

Im weiteren Verlauf der Untersuchungen wurde die Trommelmaschine mit künstlich angeschmutzter Wäsche beladen (14 l/kg). Die Schmutzzusammensetzung war die gleiche, wie bei dem Versuch ohne Wäsche. Die Schmutzmenge betrug etwa 1% der Füllung. Darüber hinaus enthielt die Wäsche noch 2% Wollfett. Das entspricht größenordnungsmäßig der Fettmenge, die bei natürlicher Verschmutzung vorkommt. Nach einer visuellen Abmusterung konnte die Füllung als sehr stark verschmutzt angesehen werden.

Die Waschmittelzugabe erfolgte in gelöster Form zu Beginn des Waschganges in die Maschine. Die Waschmittelmenge, bezogen auf die gesamte Flotte, betrug 4 g/l. Die Umlaufstromstärke betrug 5,5 l/min. Die Laugentemperatur wurde in 15 min auf 85° C gebracht und dann konstant gehalten.
Wie Abb. 5 zeigt, steigt die Schmutzkonzentration in der Maschine in etwa 10 min auf ca. 1,3 g/l an um dann allmählich abzufallen, und erreicht nach der absichtlich lang gewählten Waschzeit von 40 min 1,2 g/l. Die abfallende Tendenz der Schmutzkonzentration läßt erkennen, daß der Laugenbehälter gewisse Mengen Schmutz zurückhält.

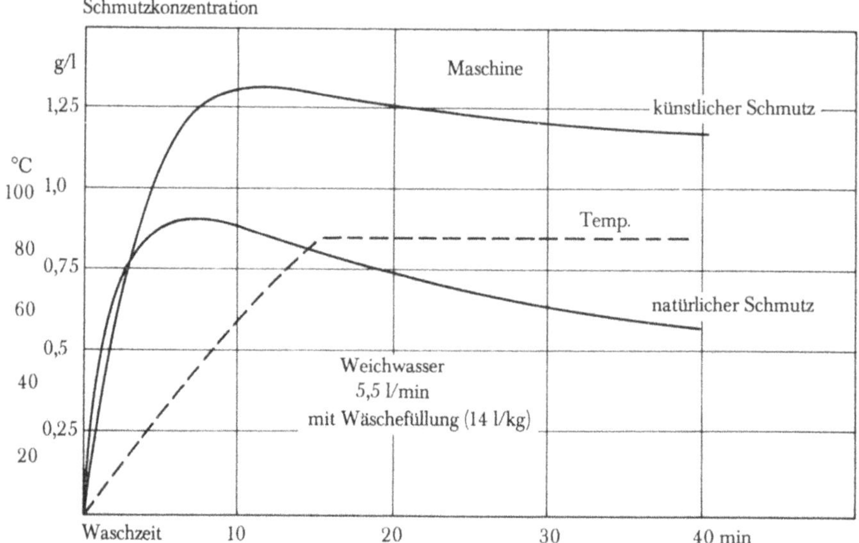

Abb. 5 Schmutzkonzentration in der Maschine mit Wäsche in Abhängigkeit von der Waschzeit

Einen ähnlichen Konzentrationsverlauf zeigt ein Versuch mit natürlicher Schmutzwäsche. Der Verschmutzungsgrad konnte als stark bezeichnet werden. Auch hier ergibt sich nach anfänglichem starken Konzentrationsanstieg und Erreichen eines Maximums nach ca. 8–10 min ein anschließendes schwaches Abfallen.
Außer der Schmutzkonzentration in der Maschine wurde eine solche auch im Laugenbehälter verfolgt.
Da alle Versuchsergebnisse ähnliche Tendenzen zeigen, wurde der Versuch mit starker natürlicher Verschmutzung herausgegriffen (Abb. 6). Die Konzentration an den Entnahmestellen (1 cm unter der Oberfläche, 1 cm über dem Boden) nehmen in den ersten Minuten (bis 10 min) stark zu, am Boden etwas schneller als an der Oberfläche.
Anschließend werden die Kurven sehr flach und gleichen sich praktisch an. Im Vergleich zu der Konzentration der Maschine liegen diese etwas höher.

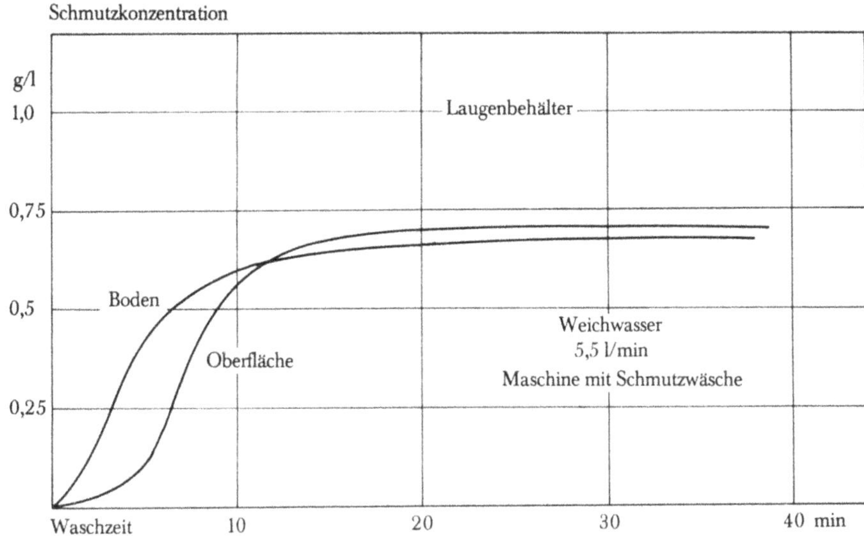

Abb. 6 Schmutzkonzentration im Laugenbehälter in Abhängigkeit von der Waschzeit (mit Wäsche)

Nach einer Waschzeit von 40 min wurde der Bodensatz ermittelt und betrug, berechnet auf die gesamte Bodenfläche des Laugenbehälters, 18 g. In der Oberflächenschicht, die mittels feinmaschigen Siebes abgeschöpft wurde, ergaben sich, auf die gesamte Oberfläche gerechnet, 5 g Schmutz.

Errechnet man eine mittlere Schmutzkonzentration für die ganze Anlage von ca. 0,68 g/l und aus der gesamten Laugenmenge von 100 l die Gesamtschmutzmenge, so erhält man 91 g, einschließlich Bodensatz und Oberflächenschaum. Somit wurden im Laugenbehälter nach 40 min Waschzeit ca. 25% des in der Lauge befindlichen Schmutzes zurückgehalten.

Diese Prozentzahl wurde größenordnungsmäßig auch bei den Versuchen mit künstlichem Schmutz gefunden. Der Einfluß der Umwälzgeschwindigkeit in dem untersuchten Bereich von ca. 0,5 bis 1,2 l/kg Trockenwäsche min war praktisch gering, wenn man verhältnismäßig lange Waschzeiten anwendet, d. h. daß die Turbulenz in dem großen Laugenbehälter noch klein war. Ein Versuch mit der in der Anlage bedingten maximalen Umwälzstärke von 18 l/min bis 1,8 l/kg min ließ jedoch an der Abnahme des Bodensatzes von etwa 25% gegenüber einer Stromstärke von 0,5 l/kg min erkennen, daß die in den Laugenbehälter einströmende Flüssigkeit schon merkliche Turbulenz bringt, so daß die optimale Stromstärke für diese Anlage schon überschritten ist.

IV. Zusammenfassung

Zusammenfassend kann gesagt werden, daß es grundsätzlich möglich ist, Schmutzpartikel, deren Wichte sich von der Flüssigkeit der Waschlauge unterscheidet, von dieser bis zu einem gewissen Grade zu trennen.

In einem Versuchsmodell konnte unter optimalen Bedingungen bei stark verschmutzter Wäsche bis zu 25% des aus der Lauge ausschleuderbaren Schmutzes in einem Laugenbehälter zurückbehalten werden. Trotzdem muß der Nutzeffekt als verhältnismäßig gering angesehen werden, da es sich um grobe Verunreinigungen handelt, die nur bei ganz stark verschmutzter Wäsche vorhanden sind. In den meisten Fällen wird der Schmutz in so feiner Verteilung vorliegen, daß eine Klärung der Lauge auf der untersuchten Basis nicht mehr möglich ist. Außerdem liegt der Sinn eines guten Waschmittels u. a. auch darin, Schmutzteilchen in der Waschlauge in der Schwebe zu halten, d. h. also ein Aufziehen zu verhindern und so einem Vergrauen der Wäsche entgegenzuwirken.

Natürlich muß eine der Schmutzmenge entsprechende Waschmittelmenge eingesetzt werden, da Unterkonzentrationen in extremen Fällen zu Schmutzzusammenballungen (Fettläuse) führen kann.

Werden solche »gebrochenen« Laugen durch einen Absetzbehälter geführt, so werden hier natürlich in verstärktem Maße Abscheidungen festgehalten. Sicher wird dieser Fall in der Praxis, besonders bei der Vorwäsche stark verschmutzter Wäsche, schon einmal vorkommen, so daß eine solche Vorrichtung hier auch gewisse praktische Bedeutung und eine Art Sicherheitsfaktor darstellen könnte. Ob auf diese Weise die Gefahr einer Wäschevergrauung merklich geringer ist, wurde bisher noch nicht untersucht. Es muß jedoch bezweifelt werden.

Bei einem richtig geführten Waschprozeß darf ein Waschen in gebrochener Lauge nicht vorkommen.

Sieht man das Problem der Laugenklärung im Zusammenhang mit der in Abschnitt a) erläuterten Wasser- und Wärmeersparnis, so wäre es durchaus denkbar, einen praktischen Nutzen zu erzielen, der jedoch in erster Linie auf die beiden letzten Faktoren zurückzuführen wäre.

Gegenstromanlagen exerzieren dies schon seit vielen Jahren, ohne jedoch die Frage einer Laugenklärung zu berühren. Der apparative Aufwand einer solchen Anlage ist im Vergleich zu dem bei einer Einzelmaschine gering. Andererseits hat man bei der Einzelmaschine in Verbindung mit Speicherbehältern die Möglichkeit, einen gewissen Kläreffekt in der Lauge zu erzielen. Wie die vorstehenden Versuche gezeigt haben, ist der Erfolg jedoch nicht sehr groß. Wie Arbeiten von ECKSTRÖM, Schweden [4] vor etwa 20 Jahren gezeigt haben, wird eine bessere Klärwirkung erreicht, wenn man die Laugen durch einen Schleuderseparator pumpt. Doch damit steigt der technische Aufwand der Anlage noch weiter an und nicht zuletzt auch die Störanfälligkeit und damit der Bedienungsaufwand. Es bleibt noch eine weitere Möglichkeit der Laugenklärung, nämlich mit Hilfe von Filtern, wie dies bei Maschinen der chemischen Reinigung durchgeführt wurde. Obwohl die Frage der geeigneten Filter und ihrer Reinigungsmöglichkeit nicht ganz einfach zu beantworten ist, scheint dieser Weg eine praktisch brauchbare Lösung zu bringen.

V. Literaturverzeichnis

[1] KLEEFISCH, P. A., Entwicklung der Doppeltrommel, Wasch- und Spülmaschine, Senking, Techn. Mitteilungen 1958/1.

[2] SCHMIDT, H., Theorie und Praxis des Spülens, WTC 5/1960.

[3] OLDENROTH, O., Schaum als Schmutzträger, Fette und Seifen 9/1956.

[4] ECKSTRÖM, A., Separatorsystem, WPZ 1938/23.

[5] BERNOT, P., Laugenklärung in Waschmaschinen in französischer Sicht, WTC 7/1961.

[6] OLDENROTH, O., und M. GÖDDE, Einfluß der Wasserdurchflußmengen auf den Schmutz-Transport in Gegenstromwaschanlagen, WTC 10/1958.

FORSCHUNGSBERICHTE
DES LANDES NORDRHEIN-WESTFALEN

Herausgegeben im Auftrage des Ministerpräsidenten Dr. Franz Meyers
vom Landesamt für Forschung, Düsseldorf

Textilforschung

Gliederungsübersicht

Allgemeines, Textilphysik, Textilchemie, Textilrohstoffe

Raumklima in Textilindustriebetrieben; insbesondere elektrostatische Raumluftaufladung und relative Luftfeuchtigkeit

Spinnereivorbereitung (Verfahren und Maschinen)

Spinnerei und Zwirnerei (Verfahren und Maschinen)

Nachbehandlung von Garnen und Zwirnen

Beurteilung fertiger Garne und Zwirne nach Herstellungsverfahren und Eigenschaften

Webereivorbereitung (Verfahren und Maschinen)

Weberei (Verfahren und Maschinen)

Beurteilung von Geweben und anderen textilen Flächengebilden nach Herstellungsverfahren und Eigenschaften

Textilveredlung (Bleichen, Färben, Drucken, Ausrüsten)

Arbeitsvorgänge und Maschinen in der Bekleidungsindustrie

Gebrauchsfragen einschließlich Wäscherei und Chemischreinigung

Textilprüfverfahren, Textilprüfgeräte

Betriebswirtschaftliche Untersuchungen auf dem Textilgebiet

Volkswirtschaftliche Untersuchungen auf dem Textilgebiet

Allgemeines, Textilphysik, Textilchemie, Textilrohstoffe

HEFT 34
Textilforschungsanstalt Krefeld
Quellungs- und Entquellungsvorgänge bei Faserstoffen
1953. 45 Seiten, 14 Abb., 13 Tabellen. DM 9,80

HEFT 35
Prof. Dr. phil. nat. Wilhelm Kast, Krefeld
Feinstruktur-Untersuchungen an künstlichen Zellulosefasern verschiedener Herstellungsverfahren
1953. 68 Seiten, 30 Abb., 7 Tabellen. DM 13,80

HEFT 64
Textilforschungsanstalt Krefeld
Die Kettenlängenverteilung von hochpolymeren Faserstoffen
Über die fraktionierte Fällung von Polyamiden
1954. 33 Seiten, 13 Abb. DM 8,60

HEFT 93
Prof. Dr. phil. nat. Wilhelm Kast, Krefeld
Spinnversuche zur Strukturerfassung künstlicher Zellulosefasern
1954. 69 Seiten, 39 Abb., 6 Tabellen. DM 16,—

HEFT 173
Prof. Dr. phil. nat. Rolf Hosemann und
Dipl.-Phys. Günter Schoknecht, Berlin, vorgelegt von
Prof. Dr. phil. nat. Wilhelm Kast, Krefeld
Lichtoptische Herstellung und Diskussion der Faltungsquadrate parakristalliner Gitter
1956. 93 Seiten, 63 Abb., 6 Tabellen. DM 24,70

HEFT 260
Prof. Dr. phil. nat. Wilhelm Kast, Freiburg
Prof. Dr. A.H. Stuart und
Dipl.-Phys. H. G. Fendler, Hannover
Lichtzerstreuungsmessungen an Lösungen hochpolymerer Stoffe
1956. 58 Seiten, 20 Abb., 5 Tabellen. DM 15,60

HEFT 261
Prof. Dr. phil. nat. Wilhelm Kast, Freiburg
Feinstruktur-Untersuchungen an künstlichen Zellulosefasern verschiedener Herstellungsverfahren
Teil II: Der Kristallisationszustand
1956. 67 Seiten, 27 Abb., 11 Tabellen. DM 17,20

HEFT 301
Prof. Dr. rer. nat. Wilhelm Weltzien,
Dr. rer. nat. Gerda Cossmann und Peter Diehl,
Textilforschungsanstalt Krefeld
Über die fraktionierte Fällung von Polyamiden (II)
1956. 42 Seiten, 1 Abb., 16 Tabellen. DM 11,30

HEFT 433
Dr.-Ing. Günther Satlow,
Deutsches Wollforschungs-Institut an der Rhein.-Westf. Technischen Hochschule Aachen
Über einige physikalische und chemische Eigenschaften der Wolle von der gewaschenen Wolle bis zum Kammzug
1957. 62 Seiten, 15 Abb., 19 Tabellen. DM 15,25

HEFT 614
Prof. Dr. rer. nat. Wilhelm Weltzien,
Priv.-Doz. Dr. rer. nat. habil. Johannes Juilfs und
Dr. rer. nat. Werner Bubser, Krefeld
Die Textilforschungsanstalt Krefeld 1920–1958
Ein Bericht zur Einweihung ihres Neubaus Frankenring 2
1958. 78 Seiten, 11 Abb., 5 Baupläne. DM 23,80

HEFT 731
Dr.-Ing. Günther Satlow,
Deutsches Wollforschungs-Institut an der Rhein.-Westf. Technischen Hochschule Aachen
Hautwolle und Schurwolle. Eine Gegenüberstellung ihrer wichtigsten chemischen und physikalischen Eigenschaften
1959. 96 Seiten, 4 Abb., 31 Tabellen. DM 23,60

HEFT 790
Prof. Dr. phil. nat. Wilhelm Kast, Freiburg
und Dipl.-Ing. Victor Elsaesser, Freiburg
Fließvorgänge in der Spinndüse und dem Blaukonus des Cuoxam-Verfahrens
1960. 131 Seiten, 59 Abb., 37 Tabellen. DM 36,50

HEFT 839
Prof. Dr. rer. nat. habil. Johannes Juilfs, Krefeld
Zur Bestimmung der Absolutdichte von Fasern
1960. 24 Seiten, 5 Abb., 3 Tabellen. DM 8,10

HEFT 879
Dipl.-Chem. Dr. rer. nat. Hans-Günther Fröhlich,
Forschungsinstitut der Hutindustrie e.V., Mönchengladbach
Einsatz von künstlichen Eiweißfasern in Mischung mit Wolle und Kaninhaar zur Herstellung von Hutfilzen
1960. 41 Seiten, 15 Abb., 10 Tabellen. DM 12,90

HEFT 1084
Dr.-Ing. Günther Satlow,
Deutsches Wollforschungsinstitut an der Rhein.-Westf. Technischen Hochschule Aachen
Charakteristische Eigenschaften von Rohwollen
1962. 67 Seiten, 15 Abb., 11 Tabellen. DM 33,80

HEFT 1106
Dr. rer. nat. Werner Bubser und
Dr. rer. nat. Walter Fester,
Textilforschungsanstalt, Krefeld
Quell- und Lösereaktionen an Polyesterfasern zur Untersuchung von deren Veränderungen und Schädigungen
1962. 34 Seiten, 14 Abb., 13 Tabellen. DM 16,—

HEFT 1132
Dr. rer. nat. Werner Bubser und
Dr. rer. nat. Walter Fester,
Textilforschungsanstalt, Krefeld
Untersuchungen über die Anwendung der Trübungstitration bei Polyamiden
1962. 33 Seiten, 19 Abb. DM 14,50

HEFT 1154
Dr.-Ing. Günter Blankenburg,
Deutsches Wollforschungsinstitut an der Rhein.-Westf. Technischen Hochschule Aachen
Chemische und physikalische Eigenschaften von unveränderter und veränderter Wolle in Beziehung zum Filzvermögen
1963. 96 Seiten, 38 Abb., 35 Tabellen. DM 43,80

HEFT 1156
Dr. rer. nat. Hans Hendrix und
Dr. rer. nat. Walter Fester,
Textilforschungsanstalt, Krefeld
Potentiometrische Endgruppenbestimmung an synthetischen Fasern
Die Bestimmung der sauren Endgruppen an Polyester- und Polyacrylnitrilfasern
1963. 23 Seiten, 3 Abb., 2 Tabellen. DM 10,70

HEFT 1157
Dr. rer. nat. Walter Fester und
Dr. rer. nat. Hans Hendrix,
Textilforschungsanstalt, Krefeld
Analytische Untersuchungen an Polyacrylnitril- und Polyesterfasern
1963. 25 Seiten, 5 Abb., 5 Tabellen. DM 10,40

HEFT 1205
Dr. rer. nat. Werner Bubser,
Textilforschungsanstalt, Krefeld
Vergleichende Bestimmungen des Schmelzpunktes an synthetischen Faserstoffen
1963. 25 Seiten, 5 Abb., 9 Tabellen. DM 11,80

HEFT 1212
Dr. rer. nat. Heimo Pfeifer, Textil-Technisches Institut der Vereinigten Glanzstoff-Fabriken AG und Deutsches Wollforschungsinstitut an der Rhein.-Westf. Technischen Hochschule Aachen
Über den Abbau von Polyesterfasern durch Hydrolyse und Aminolyse
1964. 107 Seiten, 54 Abb., 30 Tabellen. DM 61,50

HEFT 1278
Prof. Dr.-Ing. Paul-August Koch und
Dr. rer. nat. Maria Stratmann,
Ingenieurschule für Textilwesen, Krefeld
Verfahren zur Erkennung und Untersuchung von Chemiefaserstoffen: I. Polyacrylnitril- und Multipolymerisat-Faserstoffe
1964. 105 Seiten, 71 Abb., 8 Tabellen. DM 68,50

HEFT 1300
Dr. rer. nat. Werner Bubser, Textilforschungsanstult Krefeld
Einfluß der Trocknungsbedingungen beim Schlichten auf die technologischen Eigenschaften und die Entschlichtbarkeit bei Chemiefasern auf Zellulosebasis *1963. 49 Seiten, 32 Tabellen. DM 19,80*

HEFT 1434
Dr. rer. nat. Walter Fester, Textilforschungsanstalt, Krefeld
Untersuchungen zur Verbesserung der Hitzebeständigkeit von Polyamidfasern
1964. 43 Seiten, 25 Abb., 2 Tabellen. DM 23,80

HEFT 1435
Prof. Dr. rer. nat. Wilhelm Weltzien † und
Dr. rer. nat. Hans Hendrix,
Textilforschungsanstalt, Krefeld
Einfluß der Thermofizierung auf die Eigenschaften von Polyestergewebe
1964. 42 Seiten, 4 Tabellen. DM 21,—

HEFT 1436
Prof. Dr.-Ing. Helmut Zahn und
Dr. rer. nat. Franz Schade,
Deutsches Wollforschungsinstitut an der
Rhein.-Westf. Technischen Hochschule Aachen
Untersuchung bifunktioneller Reaktionen zur Einlagerung von Polymeren in Kollagen
1965. 38 Seiten, 2 Abb., 7 Tabellen. DM 15,50

HEFT 1465
Prof. Dr.-Ing. Helmut Zahn, Dr. Friedrich-Wilhelm Kunitz und Dr. rer. nat. Herbert Meichelbeck, Deutsches Wollforschungsinstitut an der Rhein.-Westf. Technischen Hochschule Aachen
Die irreversible Aggregierung cystinhaltiger Proteine durch Thioätherbildung
1965. 42 Seiten, 10 Abb., 12 Tabellen. DM 24,—

HEFT 1466
Dr. rer. nat. Maria Stratmann, Ingenieurschule für Textilwesen, Krefeld
Verfahren zur Erkennung und Unterscheidung von Chemiefaserstoffen
II.: Polyamid-Faserstoffe und Polyharnstoff-Faser Urylon
1965. 102 Seiten, 114 Abb., 6 Tabellen. DM 64,50

HEFT 1475
Prof. Dr.-Ing. Helmut Zahn und Dr. rer. nat. Herbert Meichelbeck, Deutsches Wollforschungsinstitut an der Rhein.-Westf. Technischen Hochschule Aachen
Die Funktion des Cysteins bei der Lanthioninquervernetzung von Wollkeratin
1965. 62 Seiten, 20 Abb., 21 Tabellen. DM 34,80

HEFT 1479

Dr. rer. nat. Werner Bubser und Dr. rer. nat. Walter Fester, Textilforschungsanstalt Krefeld

Quell- und Lösereaktionen an Polyacrylnitrilfasern zur Erkennung einer Hitzebehandlung

Beeinflussung von Polyamidfasern durch Wasserstoffsuperoxydbleichen

Die Aufnahme von Temperatur-Längungs-Schrumpfungs-Kurven synthetischer Fasern

1965. 81 Seiten, 37 Abb., 10 Tabellen. DM 42,—

HEFT 1485

Dr. rer. nat. Werner Bubser und Dipl.-Chem. Wolfgang Lilie, Textilforschungsanstalt Krefeld

Die Beeinflussung diazotierter, nicht gekuppelter Färbungen durch Leuchtstofflampen während des Färbeprozesses

1965. 45 Seiten, 26 Abb., 3 Tabellen. DM 40,80

HEFT 1530

Dr. rer. nat. Maria Stratmann, Ingenieurschule für Textilwesen, Krefeld

Verfahren zur Erkennung und Unterscheidung von Chemiefaserstoffen

III. Polyolefin-Faserstoffe

1965. 53 Seiten, 46 Abb., 5 Tabellen. DM 58,—

HEFT 1675

Obering. Herbert Stein und Dipl.-Phys. Siegfried Hobe Institut für textile Meßtechnik, Mönchengladbach

Untersuchungen über die Gründe von Abweichungen in der Fadenlänge gleichartiger und unter gleichen Voraussetzungen hergestellter Garnkörper

1966. 47 Seiten, 37 Abb., 6 Tabellen. DM 28,70

HEFT 1766

Prof. Dr. F. H. Müller und Dr. G. Ebert, Institut für Polymere der Universität Marburg

Kalorische Untersuchungen an Wolle

HEFT 1772

Dipl.-Chem. Dr. rer. nat. Hans Günther Fröhlich Forschungsinstitut der Hutindustrie e. V., Mönchengladbach

Zusammenhänge zwischen der Art der Faserschädigung und dem Filzvermögen tierischer Fasern

HEFT 1794

Prof. Dr.-Ing. Dr.-Ing. E. h. Walther Wegener und Dipl.-Ing. Alfred Kühnel

Institut für Textiltechnik der Rhein.-Westf. Technischen Hochschule Aachen

Ein Modell für die Anordnung der Elementarfäden in einem gedrehten Faden *In Vorbereitung*

Raumklima in Textilindustriebetrieben; insbesondere elektrostatische Raumluftaufladung und relative Luftfeuchtigkeit

HEFT 273

Karl H. W. Tacke, Wuppertal-Barmen

Erfahrungen beim Verspinnen von Perlonfasern und bei der Herstellung von Trikotagen aus gesponnenem Perlon *1956. 25 Seiten. DM 7,90*

HEFT 897

Prof. Dr.-Ing. Walther Wegener und Dipl.-Ing. Dieter Quambusch, Institut für Textiltechnik der Rhein.-Westf. Technischen Hochschule Aachen

Zusammenhang zwischen dem Raumklima und der elektrostatischen Aufladung des Spinnmaterials

1960. 81 Seiten, 44 Abb., 5 Tabellen. DM 23,90

HEFT 1119

Prof. Dr. Hans Israel, Rhein.-Westf. Technische Hochschule Aachen, Dozentur für Geophysik und Meteorologie, Dipl.-Ing. Heinrich Bücker

Raumklimatische Untersuchungen im Zusammenhang mit Spinnereiproblemen unter besonderer Berücksichtigung der elektrischen Eigenschaften klimatisierter Luft

1963. 193 Seiten, 69 Abb., 15 Tabellen. DM 86,—

HEFT 1319

Prof. Dr.-Ing. Walther Wegener und Dr.-Ing. E. Günther Hoth, Institut für Textiltechnik der Rhein.-Westf. Technischen Hochschule Aachen

Ermittlung der Grundlungen über die Raumluftaufladung und Auswirkungen bei der Verarbeitung von Faserverbänden

1964. 71 Seiten, 34 Abb., 6 Tabellen. DM 33,—

Spinnereivorbereitung (Verfahren und Maschinen)

HEFT 97

Obering. Herbert Stein, Mönchengladbach

Untersuchungen der Verzugsvorgänge an den Streckwerken verschiedener Spinnereimaschinen

2. Bericht: Ermittlung der Haft-Gleiteigenschaften von Faserbändern und Vorgarnen

1955. 84 Seiten, 54 Abb. DM 21,—

HEFT 397

Dipl.-Ing. Waldemar Rohs und Dipl.-Ing. Rudolf Otto, Technisch-Wissenschaftliches Büro für die Bastfaserindustrie, Bielefeld

Ungleichmäßigkeiten in Bändern von Bastfaserkarden, ihre Ursachen und Auswirkungen

1957. 48 Seiten, 18 Abb., 42 Diagramme. DM 14,80

HEFT 435
Dipl.-Ing. Waldemar Rohs und
Dipl.-Ing. Ludwig Steinmetz, Technisch-Wissenschaftliches Büro für die Bastfaserindustrie, Bielefeld
Die Massenungleichmäßigkeit von Flachsstreckenbändern in Abhängigkeit von Verzug und Dopplung *1957. 29 Seiten, 4 Abb., 2 Tabellen. DM 9,90*

HEFT 479
Prof. Dr.-Ing. Walther Wegener und
Dipl.-Ing. Herbert Fourné, Institut für Textiltechnik der Rhein.-Westf. Technischen Hochschule Aachen
Ursache des Überschreitens der Toleranzgrenze nach oben oder unten (Meter pro Gramm) an der Strecke
1957. 47 Seiten, 17 Abb., 3 Tabellen. DM 14,60

HEFT 609
Dipl.-Ing. Waldemar Rohs und
Dipl.-Ing. Ludwig Steinmetz, Technisch-Wissenschaftliches Büro für die Bastfaserindustrie, Bielefeld
Verteilung der Bastfasern im Verzugsfeld einer Nadelabstrecke
1958. 42 Seiten, 10 Abb.,2 Tabellen. DM 13,45

HEFT 749
Dipl.-Ing. Waldemar Rohs und
Textil-Ing. Hugo Griese, Technisch-Wissenschaftliches Büro für die Bastfaserindustrie, Bielefeld
Einfluß verschiedener Webfaktoren auf die Krumpfung von Halbleinen- und Baumwollgeweben
1959. 28 Seiten, 2 Abb., 10 Tabellen. DM 8,60

HEFT 1002
Prof. Dr.-Ing. Walther Wegener und
Dipl.-Ing. Hans Peuker, Institut für Textiltechnik der Rhein.-Westf. Technischen Hochschule Aachen
Die Beziehungen zwischen der Garngleichmäßigkeit und dem Warenbild textiler Flächengebilde
1961. 128 Seiten, 31 Abb., 3 Tabellen. DM 42,40

HEFT 1240
Dipl.-Ing. Waldemar Rohs und Dipl.-Ing. Rudolf Otto, Technisch-Wissenschaftliches Büro für die Bastfaserindustrie, Bielefeld
Verbesserung der Verarbeitungseigenschaften von Bastfasergarnen durch Beigabe einer Chemiefaserkomponente
1963. 35 Seiten, 12 Abb., 8 Tabellen. DM 18,60

Textilveredlung (Bleichen, Färben, Drucken, Ausrüsten)

HEFT 32
Technisch-Wissenschaftliches Büro für die Bastfaserindustrie, Bielefeld
Der Einfluß der Natriumchlorid-Bleiche auf Qualität und Verwebbarkeit von Leinengarnen und die Eigenschaften der Leinengewebe unter besonderer Berücksichtigung des Einsatzes von Schützen- und Spulenwechselautomaten in der Leinenweberei
1953. 55 Seiten, 2 Abb., 12 Tabellen. DM 11,50

HEFT 69
Wäschereiforschung Krefeld
Bestimmung des Faserabbaues bei Leinen unte besonderer Berücksichtigung der Leinengarnbleiche
1954. 37 Seiten, 15 Abb., 3 Tabellen. DM 9,60

HEFT 161
Prof. Dr. rer. nat. Wilhelm Weltzien und
Dr. rer. nat. Gerd Hauschild, Krefeld
Über Silikone und ihre Anwendung in der Textilveredlung
1955. 120 Seiten, 22 Abb., 10 Tabellen. Vergriffen

HEFT 452
Prof. Dr. rer. nat. Wilhelm Weltzien und
Dr. phil. nat. Karin Windeck,
Textilforschungsanstalt Krefeld
Veränderungen an Fasern bei der Bleiche mit Natriumchlorid und über einige Vergilbungserscheinungen
1957. 51 Seiten, 3 Abb., 13 Tabellen. DM 14,85

HEFT 496
Dipl.-Chem. Peter Vogel,
Textilforschungsanstalt Krefeld
Färberische Eigenschaften von zur Herstellung von Verdickungen in der Stoffdruckerei bestimmten Stoffen
1957. 26 Seiten, 3 Abb., 3 Tabellen. DM 9,30

HEFT 498
Prof. Dr.-Ing. Helmut Zahn und
Dr. rer. nat. Wolfgang Gerstner,
Deutsches Wollforschungsinstitut an der Rhein.-Westf. Technischen Hochschule Aachen
Herstellung säurefester technischer Gewebe
1957. 28 Seiten, 8 Tabellen. DM 9,65

HEFT 501
Dipl.-Ing. Waldemar Rohs und
Dr. rer. nat. Ingeborg Geurten,
Technisch-Wissenschaftliches Büro für die Bastfaserindustrie, Bielefeld
Untersuchungen in der Leinengarnbleiche
1958. 38 Seiten, 5 Abb., 5 Tabellen. DM 11,50

HEFT 761
Dr. rer. nat. Ingeborg Lambrinou,
Technisch-Wissenschaftliches Büro für die Bastfaserindustrie, Bielefeld
Untersuchungen zur rationellen Durchfärbbarkeit von Bastfasergarnen
1959. 53 Seiten, 1 Abb., 16 Tabellen. DM 14,10

HEFT 816
Dr. rer. nat. Helmut Pfannmüller,
Textil-Chemikerin Margret Pfannmüller
und Prof. Dr.-Ing. Helmut Zahn,
Deutsches Wollforschungsinstitut an der Rhein.-Westf. Hochschule Aachen
Die Bewetterung chemisch modifizierter Wollgarne
1959. 31 Seiten, 31 Tabellen. DM 10,10

HEFT 1020
Dr. rer. nat. Ingeborg Lambrinou,
Technisch-Wissenschaftliches Büro für die Bastfaserindustrie, Bielefeld
Das Bleichen von Pflanzenfasern mit Chlordioxyd-Erprobung eines neuen Bleichverfahrens in der Leinengarnbleiche
1961. 40 Seiten, 10 Abb., 6 Tabellen. DM 14,20

HEFT 1411
Dr. rer. nat. Eberhard F. Wagner,
Wäschereiforschung Krefeld e. V.
Beeinflussung der Anschmutzbarkeit und Waschbarkeit von Textilien aus Naturfasern, Synthesefasern sowie Mischungen durch Spezialausrüstungen (antisoiling-Problem)
1964. 40 Seiten, 7 Abb., 8 Tabellen. DM 19,50

HEFT 1437
Text.-Ing. Josef Ilg,
Wäschereiforschung Krefeld
Herstellung einer künstlichen Testanschmutzung für Gewebe zur Prüfung von Wasch- und Textil-Hilfsmitteln sowie von Wasch- und Textilmaschinen
1965. 31 Seiten, 13 Abb. DM 18,50

HEFT 1438
Dr.-Ing. habil. Horst Reumuth, Dr.-Ing. Friedrich Dehnert, Chem. Adolf Stay und Dipl.-Chem. Harald Hedenetz, Institut für angewandte Mikroskopie, Fotographie und Kinematographie der Fraunhofer Gesellschaft e. V., Karlsruhe, Forschungsstelle Chemischreinigung, Krefeld
Mikroskopische und mikrofotografische Studien über die Schmutzabtragung bei der Chemischreinigung von Textilien
1965. 31 Seiten, 16 Bilder, 3 Tabellen. DM 21,50

HEFT 1635
Dr.-Ing. Friedrich Dehnert, Dipl.-Chem. Harald Hedenetz und Dr. rer. nat. Dietrich Lenz
Forschungsstelle Chemischreinigung e. V., Krefeld
Untersuchungen zur Chemischreinigungs-Beständigkeit von Färbungen auf Wolle und Seide
1966. 26 Seiten, 10 Tabellen. DM 12,70

HEFT 1771
Dr. Ingeborg Lambrinou
Forschungsinstitut für Bastfasern e. V., Bielefeld
Die Bleichbarkeit verschiedener Flächse und Flachsmischungen

Arbeitsvorgänge und Maschinen in der Bekleidungsindustrie

HEFT 940
Dr.-Ing. Günther Satlow und
Dr. rer. nat. Tarsilla Gerthsen,
Deutsches Wollforschungsinstitut an der Rhein.-Westf. Technischen Hochschule Aachen
Einfluß des Bügelns mit der Hoffmann-Presse auf einige Eigenschaften der Wolle
1960. 45 Seiten, 21 Tabellen. DM 13,50

Gebrauchsfragen einschließlich Wäscherei und Chemischreinigung

HEFT 15
Wäschereiforschung Krefeld
Trocknen von Wäschestoffen
I. Lufttrocknung: Untersuchungen an Tumblern
1952. 41 Seiten, 14 Abb., 2 Tabellen. DM 9,—

HEFT 70
Wäschereiforschung Krefeld
Trocknen von Wäschestoffen
II. Kontakttrocknung: Untersuchungen über den Trockenvorgang und die Wäschebeanspruchung bei der Kontakttrocknung
1954. 41 Seiten, 18 Abb., 3 Tabellen. Vergriffen

HEFT 84
Dr. med. habil. Dr. phil. Heinz Baron, Düsseldorf
Über Standardisierung von Wundtextilien
1954. 19 Seiten. DM 6,40

HEFT 119
Dr.-Ing. Oswald Viertel, Krefeld
Wäscherei- und energietechnische Untersuchung einer Gemeinschafts-Waschanlage
1955, 50 Seiten, 18 Abb. DM 10,20

HEFT 159
Dr.-Ing. Oswald Viertel und Oskar Oldenroth, Krefeld
Das Bleichen von Weißwäsche mit Wasserstoffsuperoxyd bzw. Natriumhypochlorid beim maschinellen Waschen
1955. 42 Seiten, 23 Abb., 2 Tabellen. DM 11,45

HEFT 171
Wäschereiforschung Krefeld
Untersuchung der Wäscheentwässerung mit Hilfe von Zentrifugen und Pressen
1955. 30 Seiten, 16 Abb., 4 Tabellen. DM 9,70

HEFT 236
Dr.-Ing. Oswald Viertel und
Susanne Brückner-Lucas, Krefeld
Ergebnisse einer Hausfrauenbefragung über Wascheinrichtungen und Waschmethoden in städtischen Haushalten
1956. 23 Seiten, 4 Abb. DM 7,60

HEFT 393
Dr.-Ing. Oswald Viertel und
Susanne Brückner-Lucas, Krefeld
Arbeitszeitstudien an Haushaltswaschmaschinen
1957. 61 Seiten, 8 Abb., 13 Tabellen. DM 17,30

HEFT 578
Dipl.-Ing. Herbert Schmidt,
Wäschereiforschung e. V., Krefeld
Auswirkung der Strömungsverhältnisse in Trommelwaschmaschinen unter besonderer Berücksichtigung des Durchlaufspülens
1958. 20 Seiten, 8 Abb. DM 8,45

HEFT 722
Dr.-Ing. Oswald Viertel und Eva Malz,
Wäschereiforschung Krefeld
Mechanische Wäschebeanspruchung und Waschwirkung in Rührwerkmaschinen
1959. 59 Seiten, 25 Abb., 23 Tabellen. DM 16,50

HEFT 826
Dr.-Ing. Oswald Viertel und Eva Schmahl,
Wäschereiforschung Krefeld
Arbeitszeitstudien an Haushaltbottichwaschmaschinen gleicher Art und Größe mit verschiedener Ausstattung
1960. 37 Seiten, 10 Abb., 4 Tabellen. DM 12,20

HEFT 850
Dr.-Ing. Oswald Viertel,
Wäschereiforschung Krefeld
Maßveränderung und Faserbeanspruchung von Wäschestoffen bei verschiedenen Trocknungsverfahren
1960. 34 Seiten, 9 Abb., 12 Tabellen. DM 10,70

HEFT 865
Textil-Ing. Josef Ilg, Wäschereiforschung Krefeld
Ermittlung des Gebrauchswertes von Handtüchern verschiedener Qualität
1960. 45 Seiten, 6 Abb., 22 Tabellen. DM 13,20

HEFT 892
Dipl.-Ing. Herbert Schmidt, Wäschereiforschung Krefeld
Untersuchung über die Wäschebewegung in Trommelwaschmaschinen unter besonderer Berücksichtigung der Reinigungswirkung und des Faserabriebs
1960. 27 Seiten, 9 Abb. DM 9,—

HEFT 960
Edith Schirmer und Dipl.-Ing. Herbert Schmidt,
Wäschereiforschung Krefeld
Prüfung von Heimtrocknern (Trommeltrockner) auf Wirkungsgrad und Gewebeangriff
1961. 42 Seiten, 15 Abb. DM 13,50

HEFT 1120
Dr.-Ing. Oswald Viertel und
Dipl.-Ing. Eberhard Wagner,
Wäschereiforschung Krefeld
Ursachen der Fleckbildung beim Waschen mit optische Aufheller enthaltenden Waschmitteln und Möglichkeiten zur Beseitigung dieser Schwierigkeiten.
1962. 38 Seiten, 19 Abb., 1 Tabelle. DM 17,80

HEFT 1254
Dipl.-Chem. Harald Hedenetz und Dr.-Ing. Friedrich Dehnert, Forschungsstelle Chemiereinigung e. V., Krefeld
Vergrauungsfaktoren in der Chemischreinigung
1963. 69 Seiten, 8 Figurentafeln, 7 Tabellen. DM 32,50

HEFT 1275
Dr. Klaus Ziegler, Deutsches Wollforschungsinstitut an der Rhein.-Westf. Technischen Hochschule Aachen
Der Cysteinsäuregehalt der Wolle, seine Bestimmung und seine Veränderung durch Ausrüstungsprozesse
1963. 40 Seiten, 14 Abb., 7 Tabellen. DM 18,50

HEFT 1283
Prof. Dr.-Ing. Walther Wegener und
Dipl.-Ing. Günter Schubert, Institut für Textiltechnik der Rhein.-Westf. Technischen Hochschule Aachen
Einfluß verschiedener relativer Luftfeuchtigkeiten und Temperaturen auf die Laufverhältnisse, auf die Gleichmäßigkeit und auf die dynamometrischen Eigenschaften der gefertigten Garne
1963. 42 Seiten, 12 Abb., 14 Tabellen. DM 23,50

HEFT 1284
Dr. rer. nat. Dipl.-Ing. Eberhard F. Wagner,
Wäschereiforschung Krefeld
Verhalten von Komplexfärbungen und -drucken gegenüber phosphathaltigen Waschmitteln sowie Waschechtheit von Pigmentfärbungen und -drucken
1964. 46 Seiten, 4 Abb., 10 Tabellen. DM 23,70

HEFT 1285
Dipl.-Ing. Herbert Schmidt, Wäschereiforschung Krefeld
Theorie und Praxis des diskontinuierlichen und kontinuierlichen Spülens
1964. 27 Seiten, 13 Abb. DM 15,60

HEFT 1286
Dipl.-Ing. Oskar Becker,
Institut für textile Meßtechnik Mönchengladbach
Untersuchungen an lederbezogenen Druckrollen für die Streckwerke von Spinnereimaschinen
1964. 57 Seiten, 22 Abb., 7 Tabellen. DM 24,80

HEFT 1287
Dr. rer. nat. Hans Günther Fröhlich, Forschungsinstitut der Hutindustrie e. V., Mönchengladbach
Das Färben von Hutfilzen unterhalb Kochtemperatur unter Zusatz von Färbebeschleuniger
1963. 33 Seiten, 6 Abb., 13 Tabellen. DM 15,80

HEFT 1294
Dr. rer. nat. Carlo Maurer,
Deutsches Wollforschungsinstitut an der Rhein.-Westf. Technischen Hochschule Aachen
Beitrag zur Schrumpffrei-Ausrüstung von Wolle
1964. 49 Seiten, 33 Abb., 18 Tabellen. DM 24,—

HEFT 1298
Prof. Dr. rer. nat. Wilhelm Weltzien und Ph. D. Dr. rer. nat. Waman Achwal, Textilforschungsanstalt Krefeld
Die Bestimmung des Wassergehaltes mit Hilfe der Karl-Fischer-Methode in Harnstoff-Formaldehyd-Kunstharzen sowie in unbehandelten und in mit diesen Kunstharzen behandelten Geweben
1963. 35 Seiten, 7 Abb., 13 Tabellen. DM 16,60

HEFT 1318
Dr. rer. nat. Dietrich Lenz, Dipl.-Chem. Harald Hedenetz und Dr.-Ing. Friedrich Dehnert, Forschungsstelle Chemischreinigung e. V., Krefeld
Untersuchungen zur Chemischreinigungs-Beständigkeit von Pigmentfarbstoff-Applikationen
1964. 41 Seiten, 16 Tabellen. DM 19,—

HEFT 1330
Prof. Dr. med. Heinrich Reploh, Hygiene-Institut der Universität Münster
Die Beeinflussung des Keimgehaltes durch Waschen bei niedrigen Temperaturen (20-60° C)
1964. 25 Seiten, 15 Abb. DM 13,60

HEFT 1514
Dr. rer. nat. Max Dominik, Dr. rer. nat. Hans-Günther Otten und Gesine Töpert, Deutsches Wollforschungsinstitut der Rhein.-Westf. Technischen Hochschule Aachen
Wasch- und Trageversuche an filzfest ausgerüsteten wollenen Strickwaren
1965. 58 Seiten, 34 Abb., 31 Tabellen. DM 32,50

HEFT 1708
Dipl.-Ing. Herbert Schmidt, Wäschereiforschung Krefeld
Untersuchungen über das Durchlaufwaschen (Strömungswaschverfahren) in Trommelwaschmaschinen im Vergleich zum Ein- oder Mehrbadwaschverfahren
1966. 23 Seiten, 7 Abb. DM 16,—

HEFT 1795
Dipl.-Ing. Herbert Schmidt, Wäschereiforschung Krefeld e. V.
Möglichkeiten der Laugenklärung in Trommelwaschmaschinen *In Vorbereitung*

Textilprüfverfahren, Textilprüfgeräte

HEFT 17
Obering. Herbert Stein, Mönchengladbach
Untersuchung der Verzugsvorgänge in den Streckwerken verschiedener Spinnereimaschinen.
1. Bericht: Vergleichende Prüfung mit verschiedenen Dickenmeßgeräten
1952. 28 Seiten, 15 Abb. DM 8,—

HEFT 18
Wäschereiforschung Krefeld
Grundlagen zur Erfassung der chemischen Schädigung beim Waschen
1953. 61 Seiten, 15 Abb., 15 Tabellen. Vergriffen

HEFT 26
Technisch-Wissenschaftliches Büro für die Bastfaserindustrie, Bielefeld
Vergleichende Untersuchungen zweier neuzeitlicher Ungleichmäßigkeitsprüfer für Bänder und Garne hinsichtlich ihrer Eignung für die Bastfaserspinnerei
1953. 57 Seiten, 30 Abb. DM 12,50

HEFT 85
Textilforschungsanstalt Krefeld
Physikalische Untersuchungen an Fasern, Fäden, Garnen und Geweben:
Untersuchungen am Knickscheuergerät nach Weltzien
1954. 38 Seiten, 11 Abb., 8 Tabellen. DM 10,—

HEFT 199
Textilforschungsanstalt Krefeld
Die Messung von Gewebetemperaturen mittels Temperaturstrahlung
1955. 36 Seiten, 12 Abb. DM 10,90

HEFT 302
Prof. Dr.-Ing. Walther Wegener und Dipl.-Ing. Willi Zahn, Aachen
Untersuchungen von gesponnenen Garnen auf ihre Gleichmäßigkeit nach verschiedenen Meßmethoden
1956. 49 Seiten, 34 Abb. DM 15,20

HEFT 307
Priv.-Dozent Dr. rer. nat. habil. Johannes Juilfs, Textilforschungsanstalt Krefeld
Vergleichende Untersuchungen zur elastischen und bleibenden Dehnung von Fasern
1956. 24 Seiten, 11 Abb. DM 8,30

HEFT 308
Priv.-Dozent Dr. rer. nat. habil. Johannes Juilfs, Textilforschungsanstalt Krefeld
Zur Messung der Fadenglätte
1956. 22 Seiten, 10 Abb., 2 Tabellen. DM 8,—

HEFT 358
Prof. Dr. rer. nat. Wilhelm Weltzien, Dipl.-Chem. Paul Ringel und Text.-Ing. Hans Kirchhoff, Textilforschungsanstalt Krefeld
Die Waschechtheit von Färbungen. Vergleichende Untersuchungen auf dem Gebiete der Echtheitsprüfung
1957. 25 Seiten, 12 Farbtafeln. DM 58,—

HEFT 381
Priv.-Dozent Dr. rer. nat. habil. Johannes Juilfs, Textilforschungsanstalt Krefeld
Zur Dichtbestimmung von Fasern. Methoden und Beispiele der praktischen Anwendung
1957. 65 Seiten, 34 Abb., 18 Tabellen. DM 17,—

HEFT 436
Priv.-Dozent Dr. rer. nat. habil. Johannes Juilfs, Textilforschungsanstalt Krefeld
Zur Bestimmung der Bruchlast (Zugfestigkeit) von Fasern, Fäden und Garnen
1959. 26 Seiten, 7 Abb., 5 Tabellen. DM 8,60

HEFT 499
Priv.-Dozent Dr. rer. nat. habil. Johannes Juilfs, Textilforschungsanstalt Krefeld
Die Bestimmung des Wasserrückhaltevermögens (bzw. des Quellwertes) von Fasern
1958. 29 Seiten, 8 Abb., 8 Tabellen. DM 10,35

HEFT 500
Priv.-Dozent Dr. rer. nat. habil. Johannes Juilfs, Textilforschungsanstalt Krefeld
Vergleichende Untersuchungen am Schopper-Scheuerprüfgerät
1958. 60 Seiten, 34 Abb., zahlreiche Tabellen. DM 18,10

HEFT 633
Prof. Dr.-Ing. Walther Wegener und Dipl.-Ing. Egon Haase-Deyerling, Institut für Textiltechnik der Rhein.-Westf. Technischen Hochschule Aachen
Entwicklung und Bau eines vollautomatischen Faserlängenprüfgerätes (Stapelprüfgerät) auf kapazitiver Grundlage, Erprobungen dieses Gerätes und Vergleich mit den bislang üblichen Verfahren auf manueller Basis
1958. 36 Seiten, 15 Abb., 5 Tabellen. DM 10,10

HEFT 700
Obering. Herbert Stein, Institut für textile Meßtechnik, Mönchengladbach
Zugprüfungen an Textilien mit einer weglosen, elektronischen Kraftmeßeinrichtung
1958. 103 Seiten, 62 Abb., 3 Tabellen. DM 32,—

HEFT 730
Obering. Herbert Stein und Dipl.-Phys. Siegfried Hobe, Institut für textile Meßtechnik Mönchengladbach
Gerät zum Auffinden von Fadenverdickungen bei hohen Prüfgeschwindigkeiten
1959. 56 Seiten, 28 Abb., 2 Tabellen. DM 14,80

HEFT 732
Dipl.-Ing. Waldemar Rohs und Dipl.-Ing. Rudolf Otto, Technisch-Wissenschaftliches Büro für die Bastfaserindustrie, Bielefeld
Messung von Verzugskräften in Nadelfeldern von Bastfaserstrecken
1959. 40 Seiten, 9 Abb., 7 Tabellen. DM 11,60

HEFT 818
Prof. Dr.-Ing. Walther Wegener, Institut für Textiltechnik der Rhein.-Westf. Technischen Hochschule Aachen
Grundlegende Untersuchungen zur Frage der Spinnavivierung von Rohbaumwolle
1959. 33 Seiten, 20 Abb. DM 10,70

HEFT 846
Obering. Herbert Stein und Ing. Martin Eidelsburger, Institut für textile Meßtechnik, Mönchengladbach
Untersuchungen an Baumwollkarden zwecks Ermittlung der Fehlerursachen für Dickeschwankungen *1960. 46 Seiten, 23 Abb. DM 14,30*

HEFT 847
Obering. Herbert Stein und Ing. Martin Eidelsburger, Institut für textile Meßtechnik, Mönchengladbach
Untersuchungen über den Ablauf der Arbeitsvorgänge bei Schlagmaschinen in Baumwoll- und Zellwollaufbereitungsanlagen
1960. 54 Seiten, 29 Abb. DM 16,70

HEFT 896
Prof. Dr.-Ing. Walther Wegener, Institut für Textiltechnik der Rhein.-Westf. Technischen Hochschule Aachen
Einfluß der höheren Vorgarndrehung geflyerter Lunten auf die Ungleichmäßigkeit und die dynamometrischen Eigenschaften des fertigen Garnes
1960. 27 Seiten, 12 Abb., 3 Tabellen. DM 9,20

HEFT 1779
Obering. Herbert Stein und Dipl.-Phys. Siegfried Hobe Institut für textile Meßtechnik e. V., Mönchengladbach
Untersuchungen über die Zusammenhänge zwischen der Dehnungsprüfung von Textilien am laufenden Faden und am fest eingespannten Prüfgut, sowie über die Möglichkeiten des Vergleichens von Ergebnissen, die nach beiden Methoden gefunden wurden *In Vorbereitung*

Spinnerei und Zwirnerei (Verfahren und Maschinen)

HEFT 13
Technisch-Wissenschaftliches Büro für die Bastfaserindustrie, Bielefeld
Das Naßspinnen von Bastfasergarnen mit chemischen Zusätzen zum Spinnbad
1952. 57 Seiten, 4 Abb., 19 Tabellen. DM 10,—

HEFT 238
Obering. Herbert Stein, Institut für textile Meßtechnik, Mönchengladbach
Untersuchung der Verzugsvorgänge an den Streckwerken verschiedener Spinnereimaschinen
3. Bericht: Theoretische Betrachtungen über den Einfluß schlagender Zylinder und Druckrollen
1956. 56 Seiten, 21 Abb. DM 14,10

HEFT 340
Dipl.-Ing. Waldemar Rohs und Dipl.-Ing. Rudolf Otto, Technisch-Wissenschaftliches Büro für die Bastfaserindustrie, Bielefeld
Das Naßspinnen von Bastfasergarnen mit Spinnbadzusätzen unter Ausnutzung einer zentralen Spinnwasserversorgungsanlage
1956. 42 Seiten, 2 Abb., 6 Tabellen. DM 11,60

HEFT 378
Obering. Herbert Stein, Institut für textile Meßtechnik, Mönchengladbach
Beobachtung und meßtechnische Erfassung der Vorgänge im Spinn- und Aufwindefeld von Ringspinn- und Ringzwirnmaschinen
1957. 91 Seiten, 88 Abb., 3 Tabellen. DM 26,90

HEFT 918
Institut für textile Meßtechnik, Mönchengladbach
Untersuchungen der Verzugsvorgänge an den Streckwerken verschiedener Spinnereimaschinen
4. Bericht: Ermittlung des Einflusses verschiedener Streckwerkseinstellungen und der verwendeten Konstruktionsteile auf die Verzugsvorgänge
1960. 43 Seiten, 5 Abb., 3 Tabellen. DM 13,70

HEFT 920
Dipl.-Ing. Rudolf Otto und Textil-Ing. Manfred Le Claire, Technisch-Wissenschaftliches Büro für die Bastfaserindustrie, Bielefeld
Fadenspannungen beim Naßringspinnen von Bastfasern in ihrer Abhängigkeit von Fadenführung und Gestaltung von Ring und Läufer
1960. 54 Seiten, 18 Abb., 14 Tabellen. DM 16,40

HEFT 937
Dipl.-Ing. Waldemar Rohs, Dipl.-Ing. Rudolf Otto und Textil-Ing. Hugo Griese, Technisch-Wissenschaftliches Büro für die Bastfaserindustrie, Bielefeld
Trockenspinnverfahren für Leinengarne und Einsatz trocken gesponnener Garne in der Leinenweberei
1960. 56 Seiten, 14 Abb., 14 Tabellen. DM 19,90

HEFT 1166
Obering. Herbert Stein, Institut für textile Meßtechnik, Mönchengladbach
Vergleich des Band-Spinnens von Baumwolle und Chemiefasern (ohne Fleyerpassage) mit dem klassischen Baumwollspinnverfahren
1963. 79 Seiten, 35 Abb. DM 36,80

HEFT 1314
Prof. Dr.-Ing. Walther Wegener und Dr.-Ing. Hans Peuker, Institut für Textiltechnik der Rhein.-Westf. Technischen Hochschule Aachen
Einfluß verschiedener Endstrecken bei verkürzten Kammgarn-Spinnverfahren auf die Ungleichmäßigkeit und auf die dynamometrischen Eigenschaften von Mischgespinsten aus Wolle und kunstgeschaffenen Fasern
1964. 77 Seiten, 31 Abb., 5 Tabellen. DM 45,—

HEFT 1333
Dipl.-Ing. Waldemar Rohs und Dipl.-Ing. Rudolf Otto, Technisch-Wissenschaftliches Büro für die Bastfaserindustrie, Bielefeld
Untersuchungen über Fasermischungen in der Bastfaserwergspinnerei
1963. 28 Seiten, 4 Abb., 5 Tabellen. DM 13,40

HEFT 1335
Prof. Dr.-Ing. Walther Wegener und Dipl.-Ing. Peter Ehrler, Institut für Textiltechnik der Rhein.-Westf. Technischen Hochschule Aachen
Eine Analyse der Vorgarnschwankungen an Streichgarn-Krempelassortimenten
1964. 127 Seiten, 31 Abb., 5 Tabellen. DM 73,50

HEFT 1545
Prof. Dr.-Ing. Dr.-Ing. E. h. Walther Wegener und Dipl.-Ing. Burkhard Wulfhorst, Institut für Textilforschung der Rhein-Westf. Technischen Hochschule Aachen
Einfluß von Balloneinengungsringen auf die Spannungsverhältnisse während der Fertigung und auf die Qualität der Garne
1965. 50 Seiten, 23 Abb., 4 Tabellen. DM 31,80

HEFT 1707
Prof. Dr.-Ing. habil. Dr.-Ing. E. h. Walther Wegener und Dipl.-Ing. Burkhard Wulfhorst, Institut für Textiltechnik der Rhein.-Westf. Technischen Hochschule Aachen
Der Einfluß verschiedener Liefergeschwindigkeiten an der Ringspinnmaschine auf die Laufeigenschaften und das Ungleichmäßigkeitsverhalten von Garnen
1966. 62 Seiten, 26 Abb., 6 Tabellen. DM 36,20

HEFT 1723
Obering. Herbert Stein und Dipl.-Phys. Siegfried Hobe, Institut für textile Meßtechnik Mönchengladbach e. V., Mönchengladbach
Meßtechnische Untersuchungen über die Eignung eines neuen Schnellverfahrens zur Ermittlung der Reißkraft von fortlaufend bewegten Fäden bzw. Gespinsten und Zwirnen
1966. 71 Seiten, 54 Abb., 1 Tabelle. DM 47,50

Nachbehandlung von Garnen und Zwirnen

HEFT 20
Technisch-Wissenschaftliches Büro für die Bastfaserindustrie, Bielefeld
Trocknung von Leinengarnen I:
Vorgang und Einwerkung auf die Garnqualität
1953. 56 Seiten, 18 Abb., 5 Tabellen. DM 12,—

HEFT 21
Technisch-Wissenschaftliches Büro für die Bastfaserindustrie, Bielefeld
Trocknung von Leinengarnen II:
Kreuzspultrocknung. Vorgang und Einwirkung auf die Garnqualität
1953. 60 Seiten, 22 Abb., 10 Tabellen. DM 13,—

HEFT 79
Technisch-Wissenschaftliches Büro für die Bastfaserindustrie, Bielefeld
Trocknung von Leinengarnen III:
Spinnspulen- und Spinnkopstrocknung.
Vorgang und Einwirkung auf die Garnqualität
1954. 61 Seiten, 18 Abb., 10 Tabellen. DM 14,—

HEFT 172
Dipl.-Ing. Waldemar Rohs, Dr.-Ing. Günther Satlow und Textil-Ing. Gustav Heller, Technisch-Wissenschaftliches Büro für die Bastfaserindustrie, Bielefeld
Trocknung von Hanfgarnen
Kreuzpultrocknung
1955. 60 Seiten, 7 Abb., 4 Tabellen. DM 10,30

HEFT 185
Dipl.-Ing. Waldemar Rohs und Textil-Ing. Gustav Heller, Bielefeld
Studien an einem neuzeitlichen Kreuzspultrockner für Bastfasergarne mit Wiederbefeuchtungszone
1955. 39 Seiten, 9 Abb., 3 Tabellen. DM 10,70

HEFT 442
Dipl.-Ing. Waldemar Rohs, Textil-Ing. Hugo Griese und Textil-Ing. Walter Lauer, Technisch-Wissenschaftliches Büro für die Bastfaserindustrie, Bielefeld
Die Auswirkungen der Trocknungsart naßgesponnener Leinengarne auf deren Verarbeitungswirkungsgrad sowie auf die Festigkeits- und Dehnungseigenschaften der Garne und Gewebe
1957. 18 Seiten, 2 Abb., 3 Tabellen. DM 6,50

HEFT 1402
Prof. Dr.-Ing. Walther Wegener und Dr.-Ing. Hans Peuker, Institut für Textiltechnik der Rhein.-Westf. Technischen Hochschule Aachen
Vergleich der Ungleichmäßigkeit von Baumwoll- und Zellwollgarnen, die nach dem Dreizylinder- und nach dem Faserband-Spinnverfahren hergestellt wurden
1965. 82 Seiten, 30 Abb., 3 Tabellen. DM 56,50

HEFT 1546
Prof. Dr.-Ing. Dr.-Ing. E. h. Walther Wegener und Dr.-Ing. Hans Peuker, Institut für Textiltechnik der Rhein.-Westf. Technischen Hochschule Aachen
Vergleich des kontinentalen Kammgarnspinnverfahrens mit dem Bradfordsystem hinsichtlich des Ungleichmäßigkeitsverhaltens der Garne und Gewebe
1966. 74 Seiten, 25 Abb., 7 Tabellen. DM 51,20

Beurteilung fertiger Garne und Zwirne nach Herstellungsverfahren und Eigenschaften

HEFT 196
Dipl.-Ing. Waldemar Rohs und Textil-Ing. Hugo Griese, Bielefeld
Auswirkungen von Garnfehlern bei der Verarbeitung von Leinengarnen
1955. 24 Seiten, 3 Abb., 6 Tabellen. DM 7,80

HEFT 339
Prof. Dr.-Ing. Walther Wegener und Dipl.-Ing. Willi Zahn, Institut für Textiltechnik der Rhein.-Westf. Technischen Hochschule Aachen
Vergleich des normalen mit verschiedenen abgekürzten Baumwollspinnverfahren in bezug auf Gleichmäßigkeit und Sortierungsstreuung der Garne
1956. 43 Seiten, 17 Abb., 17 Tabellen. DM 12,70

HEFT 632
Prof. Dr.-Ing. Walther Wegener, Institut für Textiltechnik der Rhein.-Westf. Technischen Hochschule Aachen
Aufstellung und Vergleich von Variance-within- und Variance-between-Kurven von Garnen, die nach verschiedenen Spinnverfahren hergestellt werden *1958. 76 Seiten, 35 Abb. DM 19,10*

HEFT 699
Dr.-Ing. Erich Wagner, Textilingenieurschule Wuppertal
Studium der Drehungsverhältnisse an Perlon- und Nylongarnen zur Herstellung von Strumpfgewirken
1959. 30 Seiten, 11 Abb. DM 9,20

HEFT 1636
Prof. Dr.-Ing. Dr.-Ing. E. h. Walther Wegener und Dr.-Ing. Hans Peuker, Institut für Textiltechnik der Rhein.-Westf. Technischen Hochschule Aachen
Vergleichende Untersuchungen an Streichgarnen, die mit der Ringspinnmaschine und mit dem Selfaktor ausgesponnen wurden
1966. 122 Seiten, 56 Abb., 11 Tabellen. DM 99,60

HEFT 1651
Prof. Dr.-Ing. Dr.-Ing. E. h. Walther Wegener und Dipl.-Ing. Gerhard Egbers, Institut für Textiltechnik der Rhein.-Westf. Technischen Hochschule Aachen
Der Durchmesser, ein Merkmal der Garnungleichmäßigkeit, und seine Auswirkung auf das Gewebeaussehen.
1966. 65 Seiten, 50 Abb., 2 Tabellen. DM 42,10

Webereivorbereitung (Verfahren und Maschinen)

HEFT 9
Technisch-Wissenschaftliches Büro für die Bastfaserindustrie, Bielefeld
Untersuchungen über die zweckmäßige Wicklungsart von Leinengarnkreuzspulen unter Berücksichtigung der Anwendung hoher Geschwindigkeiten des Garnes
Vorversuche für Zetteln und Schären von Leinengarnen auf Hochleistungsmaschinen
1952. 40 Seiten, 8 Abb., 7 Tabellen. Vergriffen

HEFT 19
Technisch-Wissenschaftliches Büro für die Bastfaserindustrie, Bielefeld
Die Auswirkung des Schlichtens von Leinengarnketten auf den Verarbeitungswirkungsgrad sowie die Festigkeit und Dehnungsverhältnisse der Garne und Gewebe
1952. 38 Seiten, 1 Abb., 9 Tabellen. DM 9,—

HEFT 63
Textilforschungsanstalt Krefeld
Neue Methoden zur Untersuchung der Wirkungsweise von Textilhilfsmitteln
Untersuchungen über Schlichtungs- und Entschlichtungsvorgänge
1954. 24 Seiten, 1 Abb., 5 Tabellen. Vergriffen

HEFT 338
Prof. Dr.-Ing. Walther Wegener, Aachen, und Dipl.-Ing. Josef Schneider, Mönchengladbach
Die Bedeutung der Knotenart für die Herabminderung der Fadenbrüche
1956. 40 Seiten, 6 Abb., 17 Tabellen. Vergriffen

HEFT 434
Dipl.-Ing. Waldemar Rohs und
Dr. rer. nat. Ingeborg Geurten, Technisch-Wissenschaftliches Büro für die Bastfaserindustrie, Bielefeld
Schlichten für Baumwollgarne
1957. 96 Seiten, 3 Abb., zahlr. Tabellen. DM 23,70

HEFT 654
Obering. Herbert Stein,
Textil-Ing. Herbert v. d. Weyden,
Dipl.-Ing. Waldemar Rohs und
Textil-Ing. Hugo Griese, Technisch-Wissenschaftliches Büro für die Bastfaserindustrie, Bielefeld
Untersuchungen an Spulvorrichtungen in der Leinen- und Halbleinenweberei
1. Teilbericht zum Thema: Meßtechnische Untersuchungen über die Wirkung und Arbeitsweise verschiedenartiger Fadenbremsen für Spulmaschinen, Zettelanlagen u. dgl., abhängig von den Eigenschaften des verarbeiteten Fadenmaterials
1958. 83 Seiten, 29 Abb., 33 Tabellen. DM 23,80

HEFT 885
Dr. rer. nat. Ingeborg Lambrinou, Technisch-Wissenschaftliches Büro für die Bastfaserindustrie, Bielefeld
Einfluß von Fettzusätzen auf das rheologische Verhalten von Schlichteflotten
1960. 57 Seiten, 18 Abb., 3 Tabellen. DM 16,50

HEFT 917
Obering. Herbert Stein und
Ing. Gerhard Hoischen, Institut für textile Meßtechnik, Mönchengladbach
Ermittlung der Vorgänge beim Benetzen und Trocknen von Fäden unter besonderer Berücksichtigung der Arbeitsweise von Schlichtmaschinen
1960. 78 Seiten, 75 Abb. DM 24,10

HEFT 1320
Dipl.-Ing. Waldemar Rohs und Text.-Ing. Hugo Griese, Technisch-Wissenschaftliches Büro für die Bastfaserindustrie Bielefeld
Einfluß der Webstuhleinstellung auf den Ausfall, insbesondere die Krumpfung von Halbleinen- und Baumwollgeweben
1963. 27 Seiten, 6 Tabellen. DM 11,70

HEFT 1401
Dipl.-Ing. Adolf Funder und Text.-Ing. Hugo Griese, Forschungsinstitut für Bastfasern e. V., Bielefeld
Zusammenhänge zwischen Garnungleichmäßigkeit und Gewebeausfall bei Leinen
1964. 53 Seiten, 14 Abb., 17 Tabellen. DM 28,—

Weberei (Verfahren und Maschinen)

HEFT 3
Technisch-Wissenschaftliches Büro für die Bastfaserindustrie, Bielefeld
Untersuchungsarbeiten zur Verbesserung des Leinenwebstuhles
1952. 36 Seiten, 7 Abb., 3 Tabellen. DM 12,50

HEFT 22
Technisch-Wissenschaftliches Büro für die Bastfaserindustrie, Bielefeld
Die Reparaturanfälligkeit von Webstühlen
1953. 21 Seiten, 7 Abb., 5 Tabellen. DM 5,80

HEFT 41
Technisch-Wissenschaftliches Büro für die Bastfaserindustrie, Bielefeld
Untersuchungsarbeiten zur Verbesserung des Leinenwebstuhles II: Das Verhalten verschiedener Kettfadenwächtersysteme
1953. 33 Seiten, 4 Abb., 5 Tabellen. DM 7,80

HEFT 80
Technisch-Wissenschaftliches Büro für die Bastfaserindustrie, Bielefeld
Die Verarbeitung von Leinengarnen auf Webstühlen mit und ohne Oberbau
1954. 18 Seiten, 2 Abb., 2 Tabellen. DM 6,—

HEFT 92
Technisch-Wissenschaftliches Büro für die Bastfaserindustrie, Bielefeld
Messungen von Vorgängen am Webstuhl
1954. 64 Seiten, 45 Abb. DM 15,50

HEFT 163
Dipl.-Ing. Waldemar Rohs und
Textil-Ing. Hugo Griese, Technisch-Wissenschaftliches Büro für die Bastfaserindustrie, Bielefeld
Untersuchungsarbeiten zur Verbesserung des Leinenwebstuhles III
1955. 67 Seiten, 15 Abb., 18 Tabellen. DM 15,80

HEFT 226
Technisch-Wissenschaftliches Büro für die Bastfaserindustrie, Bielefeld
Untersuchungen zur Verbesserung des Leinenwebstuhles IV: Die Wirkung verschiedener Kettbaumbremsen auf die Verwebung von Leinengarnen
1956. 50 Seiten, 9 Abb., 4 Tabellen. DM 13,50

HEFT 292
Dipl.-Ing. Waldemar Rohs und
Textil-Ing. Hugo Griese, Technisch-Wissenschaftliches Büro für die Bastfaserindustrie, Bielefeld
Webversuche an Leinenwebstühlen mit verbesserter Schaftbewegung
1956. 22 Seiten, 3 Abb., 2 Tabellen. DM 7,60

HEFT 379
Institut für textile Meßtechnik, Mönchengladbach
Schußfadenspannung beim Weben
1957. 64 Seiten, 5 Abb., 47 Diagramme, 3 Tabellen. DM 18,60

HEFT 494
Dipl.-Ing. Waldemar Rohs und
Textil-Ing. Hugo Griese, Technisch-Wissenschaftliches Büro für die Bastfaserindustrie, Bielefeld
Entwicklung und Erprobung eines verbesserten elektrischen Kettfadenwächtergeschirrs für die Leinen- und Halbleinenweberei
1957. 43 Seiten, 9 Abb., 11 Tabellen. DM 13,—

HEFT 621
Dipl.-Ing. Waldemar Rohs und Textil-Ing. Hugo Griese, Technisch-Wissenschaftliches Büro für die Bastfaserindustrie, Bielefeld
Untersuchungen zur Verbesserung des Leinenwebstuhles V
1958. 42 Seiten, 6 Abb., 8 Tabellen. DM 11,30

HEFT 869
Dipl.-Ing. Waldemar Rohs und Textil-Ing. Hugo Griese, Technisch-Wissenschaftliches Büro für die Bastfaserindustrie, Bielefeld
Zusammenwirken von Kett- und Schußfadenspannungen und ihr Einfluß auf den Gewebeausfall
1960. 32 Seiten. 4 Abb., 7 Tabellen. DM 9,90

HEFT 1167
Textil-Ing. Hugo Griese, Technisch-Wissenschaftliches Büro für die Bastfaserindustrie, Bielefeld
Verbesserung der Wirtschaftlichkeit und des Warenausfalls durch zusätzliche Befeuchtung der verarbeiteten Garne in der Leinen- und Halbleinenweberei
1962. 33 Seiten, 12 Abb., 6 Tabellen. DM 17,20

HEFT 1477
Text.-Ing. Hugo Griese, Forschungsinstitut für Bastfasern e. V., Bielefeld
Untersuchung über die Möglichkeit einer Leistungssteigerung in der Leinen- und Halbleinenweberei durch Einsatz neu entwickelter Jacquardmaschinen
1964. 45 Seiten, 19 Abb., 3 Tabellen. DM 29,80

HEFT 1634
Text.-Ing. Hugo Griese, Forschungsinstitut für Bastfasern e. V., Bielefeld
Verbesserungsmöglichkeiten der Leinenschußverarbeitung bei hohen Webgeschwindigkeiten
1965. 31 Seiten, 12 Abb. DM 18,—

Beurteilung von Geweben und anderen textilen Flächengebilden nach Herstellungsverfahren und Eigenschaften

HEFT 29
Technisch-Wissenschaftliches Büro für die Bastfaserindustrie, Bielefeld
Die Ausnützung der Leinengarne in Geweben
1953. 94 Seiten, 14 Abb., 10 Tabellen. DM 17,80

HEFT 674
Dipl.-Ing. Waldemar Rohs, Technisch-Wissenschaftliches Büro für die Bastfaserindustrie, Bielefeld
Die Ausnutzung der Garnfestigkeit in Halbleinengeweben *1958. 45 Seiten, 6 Abb. DM 14,30*

HEFT 817
Dr. rer. nat. Hansjürgen Kessler, Deutsches Wollforschungsinstitut an der Rhein.-Westf. Technischen Hochschule Aachen
Die Zwei- und Dreifaseranalyse auf Grund der Bestimmung von Cystin und Stickstoff
1959. 28 Seiten. DM 8,70

HEFT 1536
Prof. Dr.-Ing. Walther Wegener und Dipl.-Ing. Bernhard Schuler, Institut für Textiltechnik der Rhein.-Westf. Technischen Hochschule Aachen
Grundlagen für die Reibungsmessung an Garnen und Zwirnen
1965. 56 Seiten, 41 Abb., 6 Tabellen. DM 35,—

HEFT 1748
Prof. Dr.-Ing. Dr.-Ing. E. h. Walther Wegener, Institut für Textiltechnik der Rhein.-Westf. Technischen Hochschule Aachen
Untersuchungen der Spannungsverhältnisse sowie der Eigenschaften von Kräuselgarnen bei verschiedenen Einstellungen der Falschdrahtzwirnmaschinen *In Vorbereitung*

Betriebswirtschaftliche Untersuchungen auf dem Textilgebiet

HEFT 186
Dr. rer. pol. Erich Wedekind, Krefeld
Untersuchung zur Arbeitsgestaltung bei der Fertigstellung von Oberhemden in gewerblichen Wäschereien *1955. 99 Seiten, 28 Abb., 7 Tabellen. DM 12,—*

HEFT 197
Dr. rer. pol. Erich Wedekind, Krefeld
Untersuchungen zur Bestimmung der optimalen Arbeitsplatzgröße bei Mehrstuhlarbeit in der Weberei
1955. 79 Seiten, 34 Abb. DM 18,50

HEFT 631
Dr. rer. pol. Erich Wedekind, Krefeld
Der Einfluß der Automatisierung auf die Struktur der Maschinen- und Arbeiterzeiten am mehrstelligen Arbeitsplatz in der Textilindustrie
1958. 71 Seiten, 32 Abb., 8 Tabellen. Vergriffen

HEFT 715
Dr. rer. pol. Erich Wedekind, Krefeld
Die Auftragsplanung und Arbeitsorganisation in gewerblichen Wäschereien
1959. 116 Seiten, 25 Abb. DM 29,50

HEFT 827
Dr.-Ing. Egon Sattler, Verband Deutscher Streichgarnspinner, Düsseldorf
Disposition mit Arbeitsvorbereitung und Vertriebsvorbereitung in der einstufigen (Verkaufs-) Streichgarnspinnerei
1960. 60 Seiten, 5 Anlagen. DM 15,90

HEFT 828
Verband der Deutschen Tuch- und Kleiderstoffindustrie e. V., Köln, in Zusammenarbeit mit dem Ausschuß für wirtschaftliche Fertigung e. V., Düsseldorf
Disposition mit Arbeits- und Vertriebsvorbereitung in der Tuch- und Kleiderstoffindustrie
1960. 67 Seiten, 8 Anlagen. DM 17,90

HEFT 874
Dr. rer. pol. Erich Wedekind und Textil-Ing. Hartmut Kokerbeck, Krefeld
Untersuchungen über rationelle Arbeitsweisen bei Preß- und Bügelvorgängen in Chemisch-Reinigungsbetrieben *1960. 102 Seiten, 17 Abb., zahlr. Tabellen. DM 26,50*

HEFT 1237
Verband Deutscher Streichgarnspinner e. V., Düsseldorf
Betriebsvergleich in den Streichgarnspinnereien, Teil I. bearbeitet vom Forschungsinstitut für Rationalisierung an der Rhein.-Westf. Techn. Hochschule Aachen, Direktor: Prof. Dr.-Ing. J. Mathieu
1963. 52 Seiten, 15 Abb. DM 21,90

Volkswirtschaftliche Untersuchungen auf dem Textilgebiet

HEFT 222
Dr. rer. pol. Lutz Köllner und Dipl.-Volksw. Manfred Kaiser, Forschungsstelle für allgemeine und textile Marktwirtschaft an der Universität Münster Direktor: Prof. Dr. rer. pol. H. Jecht
Die internationale Wettbewerbsfähigkeit der westdeutschen Wollindustrie
1956. 200 Seiten, 5 Abb. DM 39,50

HEFT 323
Prof. Dr. Rudolf Seyffert, Köln
Wege und Kosten der Distribution der Textil-, Schuh- und Lederwaren
1956. 86 Seiten, 38 Tabellen. DM 12,—

HEFT 607
Dr. rer. pol. Hyronimus Schlachter, Forschungsstelle für allgemeine und textile Marktwirtschaft an der Universität Münster Direktor: Prof. Dr. rer. pol. H. Jecht
Die Wettbewerbslage der westdeutschen Juteindustrie
1958, 137 Seiten, 35 Tabellen. DM 32,—

HEFT 819
Dipl.-Volksw. Dr. rer. pol. Heinz Hubert Kaup, Forschungsstelle für allgemeine und textile Marktwirtschaft an der Universität Münster
Einkommen und Textilverbrauch
1960. 92 Seiten, 34 Tabellen. DM 23,20

HEFT 911
Dr. Hannedore Kahmann und Dipl.-Volksw. Renate Papke, Forschungsstelle für allgemeine und textile Marktwirtschaft an der Universität Münster
Langfristige Strukturwandlungen und Anpassungsprozesse der britischen Baumwollindustrie unter dem Einfluß der Industrialisierung in Indien und anderen asiatischen Ländern
1960. 120 Seiten, 38 Tabellen. DM 31,20

HEFT 1036
Dipl.-Kfm. Dr. Eduard Terrahe, Forschungsstelle für allgemeine und textile Marktwirtschaft an der Universität Münster
Möglichkeiten und Grenzen einer Rationalisierung und Automatisierung in der westdeutschen Baumwollrohweberei. Ein Beitrag zur Beurteilung ihrer Wettbewerbsfähigkeit gegenüber USA, Japan und Indien
1961. 231 Seiten, 5 Abb., zahlr. Tabellen. DM 49,—

HEFT 1069
Dipl.-Volksw. Dr. Wolfgang Rothe, Forschungsstelle für allgemeine und textile Marktwirtschaft an der Universität Münster
Internationaler Preis- und Kaufkraftvergleich für Bekleidung in Ländern des gemeinsamen Marktes und der Freihandelszone
1962. 226 Seiten, zahlr. Tabellen und Anlagen. DM 43,—

HEFT 1115
Dipl.-Volksw. Dr. Wilhelm Kurth, Forschungsstelle für allgemeine und textile Marktwirtschaft an der Universität Münster
Vermögensbestand und Kapitalbedarf in einigen Zweigen der Textilindustrie
1962. 146 Seiten, 9 Abb., 33 Tabellen. DM 52,—

HEFT 1234
Dipl.-Volkswirt Dr. Klaus Hoffarth, Forschungsstelle für allgemeine und textile Marktwirtschaft an der Universität Münster
Lagerhaltung und Konjunkturverlauf in der Textilwirtschaft
1963. 127 Seiten, 35 Abb., 18 Tabellen. DM 52,—

HEFT 1372
Dipl.-Volksw. Dr. Klaus Herzog, Forschungsstelle für allgemeine und textile Marktwirtschaft an der Universität Münster
Das Verhältnis von ein- und mehrstufigen Unternehmungen in einzelnen Branchen der Textilindustrie
1964. 167 Seiten, 5 Schaubilder, 4 Übersichten, 34 Tabellen. DM 66,—

HEFT 1404
Dipl.-Volksw. Dr. Ruth Schillinger, Forschungsstelle für allgemeine und textile Marktwirtschaft an der Universität Münster Leiter: Prof. Dr. W. G. Hoffmann
Die wirtschaftliche Entwicklung des Stoffdrucks – Langfristige Tendenzen und kurzfristge Einflüsse –
1964. 123 Seiten, 25 Abb., 11 Tabellen. DM 56,—

HEFT 1524
Dipl.-Volksw. Dr. Klaus Hoffarth, Forschungsstelle für allgemeine und textile Marktwirtschaft an der Universität Münster
Strukturelle Veränderungen in der US-Textilindustrie als Bestimmungsgründe für die jüngsten amerikanischen Empfehlungen (Kennedy-Plan)
1965. 82 Seiten, 6 Abb., 32 Tabellen. DM 39,80

HEFT 1533
Dr. rer. pol. Erich Wedekind, Krefeld
Die Plankostenrechnung in der Textilindustrie unter Berücksichtigung des mehrstelligen Arbeitsplatzes
1966. 190 Seiten, 41 Abb., 4 Anlagen, 3 Tabellen. DM 86,50

HEFT 1559
Dr. Thomas Mandt, Forschungsstelle für allgemeine und textile Marktwirtschaft an der Universität Münster
Stellung und Struktur der Textilveredlungsindustrie in den Niederlanden
1965. 73 Seiten, 4 Abb., 29 Tabellen. DM 34,—

HEFT 1560
Dipl.-Volksw. Dr. Wilhelm Kurth, Forschungsstelle für allgemeine und textile Marktwirtschaft an der Universität Münster
Wandlungen des Rohstoffverbrauchs in der Oberbekleidungsindustrie
1965. 81 Seiten, 29 Schaubilder, 22 Tabellen. DM 42,—

WESTDEUTSCHER VERLAG · KÖLN UND OPLADEN
567 Opladen/Rhld., Ophovener Straße 1–3

GPSR Compliance
The European Union's (EU) General Product Safety Regulation (GPSR) is a set of rules that requires consumer products to be safe and our obligations to ensure this.

If you have any concerns about our products, you can contact us on

ProductSafety@springernature.com

In case Publisher is established outside the EU, the EU authorized representative is:

Springer Nature Customer Service Center GmbH
Europaplatz 3
69115 Heidelberg, Germany

www.ingramcontent.com/pod-product-compliance
Ingram Content Group UK Ltd.
Pitfield, Milton Keynes, MK11 3LW, UK
UKHW061659190726
13853UKWH00008B/2288

* 9 7 8 3 6 6 3 0 6 3 9 7 1 *